Personalmanagement

Joachim Gutmann

Inhalt

Verzeichnis der Checklisten

Verzeichnis der Leitfäden

Vorwort

Der „Faktor" Personal wird immer mehr zur Schlüsselressource. Die Mitarbeiter spielen qualitativ eine immer größere Rolle für den Erfolg von Unternehmen. Und diese sind immer stärker gefordert, unter den quantitativen Bedingungen des demografischen Wandels die richtigen Mitarbeiter zu finden, zu entwickeln und zu binden.

Beide Entwicklungen erfordern eine hochprofessionelle Personalarbeit sowie ein aktives Management des Humankapitals. Dies kann nur gelingen, wenn die Personalfunktion Teil der übergreifenden Managementsysteme und -prozesse wird und Personalmanager auf oberster Ebene über die betrieblichen Strategien, die Organisationsstruktur und die personelle Verantwortung mitbestimmen.

Personalabteilungen sollen Führungskräfte und Mitarbeiter befähigen, ihre fachlichen, methodischen und sozialen Potenziale so weiterzuentwickeln, dass sie den Herausforderungen einer Welt im Wandel begegnen können.

Um das zu erreichen, ist ein umfassender Professionalisierungsschub notwendig. Nur dann ist der Anspruch akzeptabel, in allen Managementprozessen eine (mit)gestaltende Rolle einnehmen zu wollen. Und nur dann werden Personalmanager dauerhaft einen akzeptierten Platz im Unternehmen haben. Dazu will dieses Buch einen kleinen Beitrag leisten. Dieser wäre ohne die Mitarbeit von Lena Schlingmann und Nina Wrage nicht zustande gekommen. Dafür gilt ihnen mein Dank.

Joachim Gutmann

Was modernes Personalmanagement leisten muss

Qualifizierte und motivierte Mitarbeiter sind entscheidend für die Wettbewerbsfähigkeit eines Unternehmens. Die geschäftspolitischen Ziele der Unternehmen sind unter den heutigen und zukünftigen Marktbedingungen nur zu erreichen, wenn es gelingt, das vorhandene menschliche Potenzial zu erkennen, zu entwickeln und optimal zu nutzen. Veränderte Bedingungen erfordern entsprechende Personalsysteme, die sich diesen neuen Anforderungen anpassen.

In diesem Kapitel lesen Sie,

- wie die Rahmenbedingungen für die heutige Personalwirtschaft beschaffen sind,
- welche Ziele und Aufgaben das Personalmanagement heute und zukünftig hat,
- welchem Wandel das Personalmanagement unterworfen ist,
- wie die Personalabteilung in verschiedenen Unternehmen unterschiedlich organisiert sein kann.

Ziele des Personalmanagements

Unter Personalmanagement (auch Personalwirtschaft, Personalwesen oder Human Resources Management) versteht man die Gesamtheit der mitarbeiterbezogenen Gestaltungs- und Verwaltungsaufgaben im Unternehmen. Das Personalmanagement ist mit allen Entscheidungen beauftragt, die sich auf Konzepte, Instrumente, Maßnahmen und Handlungen beziehen, die die effektive Beschaffung, Erhaltung, Entwicklung, Entlohnung und Betreuung des Personals im Betrieb betreffen. Es hat damit das generelle Ziel der betrieblichen Mitarbeiterversorgung, d. h., es muss das Personal bereitstellen und für dessen zielorientierten Einsatz sorgen. Dieser allgemeine Auftrag ist zweidimensional, denn er berücksichtigt:

- den Bedarf des Unternehmens, optimal mit geeigneten Mitarbeitern ausgestattet zu werden,

- das Bedürfnis der Mitarbeiter, optimal geführt, betreut, entwickelt, verwaltet und entlohnt zu werden.

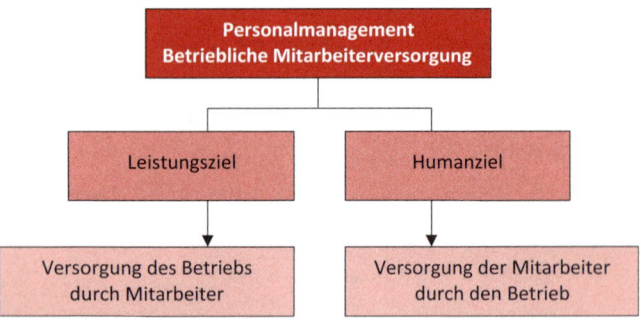

Ziele des Personalmanagements

Wirtschaftliche Ziele

Das ökonomische Ziel betont die Sicht der Kapitalgeber, die an Wirtschaftlichkeit, Rentabilität und Gewinn interessiert sind. Um dies zu erreichen, streben Unternehmen in erster Linie nach langfristiger Gewinnmaximierung oder Kostenminimierung. Die menschliche Arbeitskraft wird als Produktionsfaktor verstanden. In Kombination mit den übrigen Produktionsfaktoren soll eine möglichst hohe Effizienz beim Einsatz der Humanressourcen erreicht werden.

Im Rahmen der wirtschaftlichen Ziele wird daher eine effiziente Versorgung des Unternehmens mit kompetenten Mitarbeitern auf der Grundlage ökonomischer Rationalität (Leistungsziel) angestrebt. Als Beispiele für wirtschaftliche Ziele stehen:

- die unternehmensstrategische Ressource Arbeit optimal einzusetzen und sie bestmöglich mit den übrigen Produktionsfaktoren (Betriebsmittel, Werkstoffe, dispositiver Faktor) zu kombinieren,

- die Summe der von den Einsatzfaktoren verursachten Kosten zu optimieren,

- die Leistungsbereitschaft zu verbessern,

- die fachliche Qualifikation, das Wissen, die Kreativität sowie die Motivation der Mitarbeiter in den Arbeitsabläufen zu nutzen und zu verbessern.

Soziale Ziele

Soziale Ziele sollen dabei helfen, bestmögliche Arbeitsumstände für die Mitarbeiter zu erreichen. Dabei lassen sich mittelbare und unmittelbare Faktoren unterscheiden.

- Mittelbar werden die Arbeitsumstände eines Mitarbeiters durch einen sicheren Arbeitsplatz, eine leistungsgerechte Bezahlung oder das Angebot von Arbeitszeitverkürzungen bei vollem Lohnausgleich verbessert.
- Unmittelbar lassen sich dagegen die Arbeitsumstände beeinflussen durch die mitarbeitergerechte (z. B. familienfreundliche) Gestaltung von Arbeitsplatz und Arbeitsumfeld, optimierte Arbeitsinhalte, erweiterte soziale Kontaktmöglichkeiten oder indem die Qualität der Kantine verbessert wird.

Die Bedeutung und die Ausprägung sozialer Ziele des Mitarbeiters sind ein Reflex auf die gewandelten Einstellungen in der Gesellschaft. Im mitarbeiterbezogenen Fokus des Personalmanagement stehen demnach u. a.:

- optimale Gestaltung des Arbeitsumfelds und der Arbeitsbedingungen am Arbeitsplatz (Luft, Temperatur, Lärm etc.),
- individualisierte Gestaltung der Arbeitszeit,
- optimale Entgeltgestaltung,
- partizipative und mitarbeiterorientierte Personalführung,
- auf Beschäftigungsfähigkeit ausgerichtete Personalentwicklung/Weiterbildung,
- flexible Arbeitsorganisation,
- ausgebaute Betriebsverfassung/Vertretungsorgane.

Eine dritte Zieldimension sind individuelle Ziele. Jeder einzelne Mitarbeiter gewichtet die sozialen Ziele neu bzw. greift Aspekte auf, die nicht zum sozialen Zielgeflecht gehören. Deshalb müssen Unternehmen Maßnahmen entwickeln, um Eigeninteressen von Mitarbeitern zu erkennen und ihnen wirksam zu begegnen.

Auf den ersten Blick kann der Eindruck entstehen, dass die wirtschaftlichen Ziele den mitarbeiterbezogenen sozialen Zielen konträr entgegenstehen und so den fundamentalen Interessengegensatz zwischen Kapital und Arbeit widerspiegeln. Bei genauerer Untersuchung lassen sich hingegen drei Beziehungstypen unterscheiden:

- Zielkomplementarität,
- Zielindifferenz und
- Zielkonkurrenz.

Im Personalmanagement sind komplementäre Ziele immer dann gegeben, wenn die Annäherung an ein Ziel zugleich die Annäherung an ein weiteres Ziel nach sich zieht. Ein Beispiel hierfür wäre die Einführung eines flexiblen Arbeitszeitmodells, das den Interessen beider Seiten dient.

Zielindifferenz liegt vor, wenn die Annäherung an ein Personalziel ein anderes nicht berührt, so etwa bei der Flexibilisierung betrieblicher Zusatzleistungen durch Cafeteria-Modelle.

Personalziele konkurrieren immer erst dann, wenn die Annäherung an ein Ziel im Konflikt mit einem anderen steht, wie es z.B. bei der Einführung von Kurzarbeit oder der Kürzung von Leistungszulagen geschieht. Probleme ergeben sich im betrieblichen Personalmanagement vor allem dann, wenn wirtschaftliche Ziele mit den persönlichen Zielvorstellungen der Mitarbeiter nicht im Einklang sind, sondern miteinander konkurrieren.

Personalmanagement als Erfolgsfaktor

Aufgabe des Personalmanagements ist es – unter Einbeziehung von Aspekten der Sozial- und Umweltverträglichkeit –, den Ausgleich zwischen den widerstreitenden Zielvorstellungen zu finden. Es zielt dabei auf nachhaltigen Erfolg ab. Nachhaltiger Erfolg bedeutet Werterhaltung und Wertschöpfung auf lange Sicht. Produktivität, Kundenorientierung und Innovationsfähigkeit sind mehr denn je wichtige Werttreiber. Diese Erfolgsparameter werden sehr stark vom Mitarbeiter bestimmt. Aus diesem Grund ist die Wertschaffung des Unternehmens oftmals sehr davon abhängig, dass das Personalmanagement seine Aufgaben erfolgreich erfüllt.

Nicht zuletzt der enorme Bedeutungszuwachs der Humanressourcen hat dazu geführt, dass sich das Personalmanagement von einer reinen Verwaltungsaufgabe zu einer strategischen Aufgabe entwickelt hat. Das Ziel des strategischen Personalmanagements besteht darin, personalwirtschaftliche Funktionen so vorzubereiten und zu sichern, dass der Unternehmung eine vorteilhafte Wettbewerbssituation verschafft werden kann.

Praktische Wirkung entfaltet das Personalmanagement nur dann, wenn Grundsatzentscheidungen im Bereich von Personal und Arbeit mit der Unternehmensstrategie verzahnt werden. Ein so verstandenes strategisches Personalmanagement muss die Schwachstellen des traditionellen Personalwesens beheben und die Human-Resources müssen in die strategische Unternehmensführung integriert werden.

Als Bestandteil der strategischen Unternehmensführung folgt das strategische Personalmanagement folgenden Grundsätzen:

- Einbindung des Mitarbeiters als entscheidender Erfolgsfaktor in die Unternehmensphilosophie und in alle Unternehmensentscheidungen

- Aufbau und Ausbau der Personalentwicklung, um personeller Erfolgspotenziale zu entfalten

- Entwicklung und Implementierung strategieadäquater materieller und immaterieller Anreizsysteme zur Umsetzung von Zielen und Maßnahmen

- Herausstellung der Mitarbeiterpotenziale als prägendes Merkmal der Unternehmenskultur

- Anbindung des strategischen Personalmanagements an die Unternehmensführung und nicht an Stäbe oder nachgeordnete Instanzen

Das strategische Personalmanagement fordert, dass die Entwicklung der Mitarbeiterpotenziale Bestandteil der Unternehmensstrategie werden muss. Die menschliche Ressource im Unternehmen muss gewissermaßen aus einer „General-Management-Perspektive" betrachtet werden und nicht mehr aus einer spezifischen Funktionsperspektive nach dem Konzept des traditionellen Personalwesens.

> Wenn die menschliche Ressource als strategischer Erfolgsfaktor im Unternehmen zu gelten hat, dann muss die Unternehmensführung in die Verantwortung hinsichtlich dieser menschlichen Ressource eingebunden werden.

Funktionen des Personal-
managements

Um diese strategische Ausrichtung in die betriebliche Praxis umzusetzen, bedarf es eines entsprechenden operativen Konzepts des Personalmanagements. Nur so können die verfügbaren menschlichen Ressourcen, Fähigkeiten und Möglichkeiten mit den Aufgaben und Zielen des Unternehmens erfolgreich abgestimmt werden.

Die Handlungsfelder des Personalmanagements haben dabei einen planenden, einen gestaltenden sowie einen verwaltenden Charakter. Sie werden je nach Organisationsform von der Personalabteilung oder den Fachbereichen des Unternehmens wahrgenommen. Wesentliche Funktionen sind:

- Personalbedarfsplanung
- Personalbeschaffung
- Personalmarketing
- Personaleinsatz und -administration
- Entgeltmanagement und betriebliche Sozialpolitik
- Mitarbeiterentwicklung
- Personalabbau
- Personalcontrolling
- Diversity- und Compliance-Management

Die konkrete Ausgestaltung dieser einzelnen Handlungsfelder im individuellen Unternehmen wird auch Personalpolitik genannt. Im Rahmen der Unternehmenspolitik werden somit das Verhalten und die Handlungsweise bestimmt, mit denen die betrieblichen Ziele erreicht werden sollen. Zum Teil werden derartige Bestimmungen in einem Unternehmensleitbild festgeschrieben oder mittels Arbeitsanweisungen vorgegeben.

Personalarbeit im Wandel – vom Verwalten zum Gestalten

Das Personalwesen hat sich in seiner Bedeutung und Aufgabenstellung in den vergangenen Jahren in vielen Unternehmen fundamental gewandelt. Bis Anfang der 1960er-Jahre beschränkten sich seine Aufgaben im Wesentlichen auf die Verwaltung und damit auf administrative und operative Funktionen. Mit der „Institutionalisierung" Mitte der 1960er-Jahre kam erstmals der Begriff „Personalmanagement" auf. Das Personal spielte eine wichtigere Rolle; die Personalarbeit wurde zentralisiert, die Personalverantwortlichen professionalisiert und auf Personalfunktionen spezialisiert.

Als Schlüsselfaktor galt der Mensch in der Epoche der „Humanisierung" ab ca. 1970 mit seinen Bedürfnissen, Gefühlen und Werten. Während bisher das Personal den organisatorischen Anforderungen angepasst wurde, galt es nun – geleitet von Schlagworten wie Humanisierung der Arbeit und kooperative Führung –, die Organisation den Mitarbeitern anzugleichen. Seit den 1980er-Jahren, in der Zeitspanne der „Ökonomisierung", dominierte die strategische Ausrichtung der Personalarbeit. Die beiden Faktoren „Organisation" und „Personal" wurden den veränderten Rahmenbedingungen nach Aspekten der Wirtschaftlichkeit angepasst.

Charakteristisch für die Zeit ab 1990 ist die „unternehmerische Orientierung", die sich vermehrt nach der Wertschöpfung richtet. Ziele und Strategien des Personalmanagements müssen vertikal in die Unternehmenspolitik integriert werden, womit auch die Selbstorganisation an Bedeutung gewinnt.

Heute ist aus der Personalarbeit eine vorwiegend gestalterische und steuernde Aufgabe geworden, die gleichrangig neben die anderen Aufgaben der Unternehmensführung getreten ist. Viele Unternehmen sehen ihren Personalbereich nicht mehr nur unter rein administrativen Aspekten, sondern haben ihn entweder bereits als „Business-Partner" – also als strategisch oder geschäftsorientiert beratende Einheit – organisiert oder befinden sich auf dem Weg dahin. Für diese Entwicklung gibt es zwei ausschlaggebende Gründe:

- Die Unternehmen bündeln ihre Kompetenzen in Hinblick auf eine starke Kunden- und Marktorientierung. Die Hierarchien werden flacher und es werden kleine strategische Geschäftsfelder und Profit Center gebildet, die den operativen Bereich effektiv bearbeiten. Dies wiederum hat Auswirkungen auf Selbstverständnis, Strategie und Struktur des Personalmanagements in den Unternehmen.

- Das Bewusstsein, dass durch eine auf Langfristigkeit ausgerichtete Personalarbeit die Leistungsfähigkeit und Leistungsbereitschaft der Mitarbeiter und damit das geschäftliche Ergebnis der Unternehmen verbessert werden können, gewinnt in den Chefetagen zunehmend an Bedeutung.

Damit hat sich auch die Bedeutung der Personalarbeit gewandelt. Sicherlich gehören administrative Tätigkeiten, wie die Lohnbuchhaltung, Vertragsgestaltung oder Austrittsabwicklung, nach wie vor zu den Aufgaben einer Personalabteilung. Jedoch ist das Personalwesen im 21. Jahrhundert keine nachgelagerte betriebliche Teilfunktion mehr, die sich durch kurzfristig reaktives Verhalten auszeichnet. Aktuell kann sie eher als integraler Bestandteil der Unternehmensstrategie verstanden werden, die sich durch vorausschauendes unternehmerisches Denken und Handeln auszeichnet.

HR als Business-Partner

Für diese Entwicklung steht konzeptionell der Name des US-amerikanischen Professors Dave Ulrich. Seine 1997 aufgestellte Forderung lautete, dass das Personalwesen zum Business-Partner des Top-Managements werden – und damit einen Beitrag zur Wertschöpfung leisten müsse. Damit definierte er eine neue und umfassendere Rolle des Personalmanagements. Der Fokus verlagerte sich von administrativen zu strategischen Aufgaben. Damit hat der Personalbereich eines Unternehmens die gleichen strategischen Fragen zu beantworten wie andere Geschäftsfelder. Ein solches Personalmanagement vereint unterschiedliche Aufgaben miteinander:

- Steuerung von personalwirtschaftlichen Prozessen wie Personalbeschaffung und -verwaltung, Arbeitsrecht

- Qualifizierung, Coaching und Weiterbildung von Führungskräften und Mitarbeitern

- Controlling und Berichtswesen gegenüber der Unternehmensführung

- Ansprechpartner der Unternehmensführung zu Fragen der Bedarfsplanung und -deckung
- effiziente Steuerung der personalwirtschaftlichen Auswirkungen bei Veränderungsprozessen

Der Personalbereich (HR) sollte sich nach Ansicht Ulrichs über die Rolle als interner Dienstleister als strategischer Partner für Führungskräfte positionieren und als professionelle und individuelle Beratung des Managements fungieren. Ulrichs Modell ergibt zwei Interpretationslinien:

- In der organisatorischen Variante – das ist das klassische Modell – verantwortet der HR-Businesspartner die gesamte HR-Organisation.
- In der personellen Variante kann er aber auch eine spezifische Rolle innerhalb der HR-Organisation wahrnehmen.

In beiden Fällen setzt eine HR-Business-Partnerschaft eine enge, organisatorische Anbindung an das Unternehmen und das Verständnis von geschäftlichen Zusammenhängen und Prioritäten voraus, um effektive, strategische HR-Leistungen zu erbringen. Kombiniert mit effizienten administrativen Prozessen, liefert der HR-Business-Partner einen nachweislichen Wertschöpfungsbeitrag.

> In der Praxis gestaltet sich die Umsetzung des Modells noch häufig kompliziert. Viele Unternehmen sind noch weit davon entfernt, ihre Personalabteilung als Partner zu sehen. Das Management bevorzugt oft weiterhin die Dienstleisterfunktion des Personalmanagements gegenüber einer „Einmischung" in seine Funktion. Das Verhältnis von HR und Business ist somit noch ambivalent und ein gewinnbringendes Zusammenwirken ist schwierig.

Organisation des Personalmanagements

Wenn sich die Personalabteilung aus ihrer eher passiven administrativen Funktion löst und sich hin auf eine aktive, unternehmensstrategische Rolle entwickelt, benötigt sie natürlich auch eine Organisationsstruktur, die

- der Entwicklung der Figur des verantwortungsbewussten Mitarbeiters dient,
- die nötigen Betreuungs- und Personalentwicklungsleistungen bereitstellt,
- darauf hinzuwirken hat, dass der Mitarbeiter zur vollen Leistungsentfaltung gebracht wird und somit hilft, die wirtschaftlichen Unternehmensziele zu sichern.

Funktionale Organisation

Zu der traditionellen Organisationsform des Personalbereiches, die heute vor allem in kleinen und mittelgroßen Unternehmen noch sehr verbreitet ist, zählt die funktionale Organisation. Sie trachtet gemäß dem Verrichtungsprinzip danach, möglichst gleichartige Tätigkeiten zu vereinigen.

Das ganze Unternehmen ist zentral nach Funktionsbereichen (Beschaffung, Produktion, Absatz und Verwaltung) gegliedert. Die funktionale Organisation wird meist in Form einer Einlinienorganisation umgesetzt. Die Leitung in der funktionalen Organisation hat die Aufgabe, die verschiedenen Funktionsbereiche zu koordinieren. Die Funktionsbereiche ihrerseits werden weiter unterteilt in Funktionen wie „Personalbeschaffung", „Personalentwicklung" und „Personalerhaltung". Sie werden von einzelnen oder mehreren spezialisierten Mitarbeitern, die nur Anweisungen von ihrer Leitung erhalten, für die ganze Unternehmung bearbeitet.

Divisionale Organisation

Bei der divisionalen Organisation, auch Spartenorganisation oder Geschäftsbereichsorganisation genannt, wird das Unternehmen nach gewissen Strukturmerkmalen auf der zweiten Managementebene gegliedert. Merkmale der divisionalen Organisation sind das Mehrliniensystem, das Objektprinzip und die Dezentralisation. Die divisionale Organisation versucht, möglichst gleichartige Objekte in einer Organisationseinheit zusammenzufassen. Dazu wird das Unternehmen in mehrere Sparten (Geschäftsbereiche) in Abhängigkeit von Regionen, Technologien, Produkten, Märkten, Projekten oder auch Kundengruppen gegliedert. Die Sparten sind in der Regel selbst funktional organisiert.

Zusätzlich zu diesen Sparten benötigt die Unternehmung jedoch auch Zentralbereiche wie z.B. den Personalbereich, die über den Sparten stehen. Sie sollen die gemeinsamen Interessen des Unternehmens sichern sowie bestimmte Funktionen und Dienstleistungen für die Sparten bereitstellen.

Matrixorganisation

Charakteristisch für die Matrixorganisation ist die zweidimensionale Verknüpfung von Gliederungsmerkmalen, die z.B. eine

Kombination aus Funktions- und Objektprinzip ermöglicht. Durch die Überlagerung eines vertikalen und horizontalen Leitungssystems entsteht wiederum ein Mehrliniensystem, das versucht, eine gleichzeitige und annähernd gleichberechtigte Koordination nach unterschiedlichen Aufgabendimensionen anzustreben.

Die ausführenden organisatorischen Einheiten stehen dabei im Schnittpunkt zweier Dimensionen (z. B. Region und Personal) und sind somit grundsätzlich zwei Instanzen direkt unterstellt. In diesem Zusammenhang kann von einer dualen Führung oder dem Prinzip des Weisungskompetenzdualismus gesprochen werden. Mitarbeiter, die in den Schnittstellen der Matrixorganisation arbeiten, sind für funktionale Einheiten tätig und werden zugleich mit objektbezogenen Aufgaben (z. B. Unternehmensbereich, Produkte) betraut. Im Normalfall bildet eine funktionale Organisation die Liniendimension, während die zweite Dimension objektorientiert ist.

Projektorganisation

Die Projektorganisation kann als eine Form der Parallel- oder Sekundärorganisation im Personalmanagement gesehen werden, die parallel zur existierenden Primärorganisation, z. B. einer funktionalen Struktur, eingerichtet wird. Im Gegensatz zu einer herkömmlichen organisatorischen Aufgabe wird unter einem Projekt ein einmaliges Vorhaben mit definiertem Beginn und festgelegtem Abschluss verstanden. Insbesondere in innovationsorientierten Bereichen des Personalmanagements mit häufig wechselnden, heterogenen Aufgabenstellungen ergänzt die Projektorganisation den Personalbereich, indem sie die für temporär anfallende Probleme benötigten personalwirtschaftlichen Ressourcen zusammenführt:

- Unterstützung von Bereichsprojekten,
- personalbereichsinternes Projektmanagement
- Personalprojekte bei Expansion, Fusion sowie Management & Akquisition.

Personalabteilung als Wertschöpfungs-Center

Die Support- und Querschnittsfunktionen eines Unternehmens werden inzwischen vermehrt auf ihren Wertschöpfungsbeitrag hin untersucht. Damit folgt man dem Trend zu schlanken Organisationsformen sowie zu kosten- und qualitätsorientierten Strategien.

Um diese Funktionen erfolgreich zu positionieren, sollten die folgenden generellen Voraussetzungen erfüllt sein:

- Die internen Kundenbedürfnisse sind zu berücksichtigen.
- Es muss eine kontinuierliche Erfolgs- und Kostenevaluation der Leistungserstellung erfolgen.
- Die Funktionen müssen als unternehmerisch handelnder Geschäftspartner der nachfragenden Unternehmensbereiche agieren.

Diese Wertschöpfungsorientierung kann nun für die Personalfunktion geltend gemacht werden. Ein unternehmerisch ausgerichtetes Personalmanagement orientiert sich dabei konsequent an der Unternehmensstrategie und am Prinzip der Effektivität, indem es nach geeigneten Strategien sucht, die

- einerseits das unternehmerische Verhalten der Mitarbeiter fördern und sichern sowie
- andererseits die Marktleistungsgestaltung, die Servicequalität, die Ressourcenallokation und die interne Marktbearbeitung festlegen.

Mit der Wirtschaftlichkeits- und Wertschöpfungsorientierung der Personalarbeit wird das Ziel angestrebt, den durch die Personalorganisation geschaffenen Mehrwert zu maximieren und möglichst zu messen, um im Idealfall den Beitrag zum Gesamterfolg des Unternehmens zu bestimmen. Als selbstständige Unternehmenseinheit wird dem Personalbereich hierzu unternehmerische Verantwortung übertragen.

Shared Service Center

Shared Service Center (SSC) stellen als eigenständige Organisationseinheit interne Dienstleistungen für mehrere Organisationseinheiten bereit, und das bei einer gemeinsamen Nutzung von Ressourcen innerhalb eines Konzerns. Die Leistungen werden im Shared Service Center gebündelt und internen und/oder externen Kooperationspartnern angeboten. Die zu erbringenden Services und deren Preise werden zwischen dem Shared Service Center und dem Kunden in Service Level Agreements ausgehandelt – um durch die Zusammenlegung von Funktionen, Abläufen, Wissen und Kompetenzen Skaleneffekte zu realisieren.

Die zentralen Ziele bestehen dabei darin, bestimmte Dienstleistungen gebündelt und somit kostengünstig anzubieten sowie die Servicequalität durch eine stärkere Kundenorientierung zu verbessern. Die SSC zeichnen sich dadurch aus, dass sie wirtschaftlich und rechtlich oft selbstständig agieren, aber auf interne Kunden angewiesen sind. Wichtige Prinzipien der SSC sind:

- Preis-/Kosten-Transparenz,
- unternehmerisches Denken (Management),
- Kundenorientierung (höhere Servicequalität),
- Marktorientierung,
- Benchmarking (kontinuierliche Verbesserung),
- Prozessorientierung (Standardisierung),
- Wertschöpfung.

Grundsätzlich sind Shared Service Center für die Durchführung der Leistungserstellung verantwortlich, während die Planungs- und Kontrollverantwortung bei den Kunden liegt.

> Im Unterschied zum Outsourcing, bei dem externe Dienstleister mit einer Dienstleistung beauftragt werden, handelt es sich bei der Shared-Service-Konstruktion um eine Art internes Outsourcing.

Mitarbeitersuche

Die Suche nach qualifizierten und motivierten Mitarbeitern ist komplex. Es gilt, bei den unterschiedlichen Suchwegen, -methoden und Vorgehensweisen den Überblick zu behalten und die Stellenneubesetzung auch unter hohem Zeitdruck und mit geringem Budget erfolgreich durchzuführen.

In diesem Kapitel lesen Sie,

- wie Sie sich auf die Mitarbeitersuche vorbereiten,
- wo Sie nach Mitarbeitern suchen können,
- wer Ihnen bei der Suche behilflich sein kann.

Effiziente Vorbereitung

Eine gründliche Vorbereitung kann die Mitarbeitersuche ver-
einfachen. Zunächst sollten vorweg die Rahmendaten festgelegt und ein Suchprofil erstellt werden. Zudem gilt es, die
Suchwege auszuwählen.

Die Rahmendaten – Budget und Zeitziel klären

Bei der Rekrutierung neuer Mitarbeiter geht es aus Sicht
des Personalentscheiders darum, die vorhandenen personellen
und finanziellen Kapazitäten effizient und zielgerichtet einzusetzen. Zu den Rahmenbedingungen des Suchprozesses gehört neben dem für die Mitarbeitersuche verfügbaren Budget
vor allem der Zeitpunkt, an dem der neue Mitarbeiter dem
Unternehmen zur Verfügung stehen muss. Ferner stellt sich
die Frage, ob externe Partner eingesetzt werden. Ausgehend
vom anvisierten Einstellungsdatum bietet es sich an, den
Rekrutierungsprozess in folgende Teilschritte zu zerlegen:

- Erstellung der Stellenbeschreibung und des Suchprofils
- Festlegung des/der Suchwege(s)
- ggf. Suche und Auswahl externer Partner
- Festlegung des Suchmediums
- ggf. Formulierung der Stellenanzeige
- Festlegung des Endtermins für den Bewerbungseingang
- Schaltung der Anzeige oder Beauftragung eines Dienstleis-
  ters

- Sichtung der Bewerbungen ggf. in Kooperation mit externem Partner
- Einladung zu Vorstellungsgesprächen
- Auswahl der Kandidaten

In größeren Unternehmen koordiniert die Personalabteilung das schrittweise Vorgehen – in kleineren und mittelständischen Firmen sind hingegen Führungskräfte bei der Stellenbesetzung meist auf sich selbst gestellt.

Das Suchprofil – erfolgskritische Faktoren identifizieren

Ein Suchprofil basiert in der Regel auf einer Stellenbeschreibung, die unabhängig von der anstehenden Besetzung die Aufgaben, Rollen und Kompetenzen der Position im Kontext der Unternehmensorganisation beschreibt (siehe Abschnitt „Stellenbeschreibung – Aufgaben, Kompetenzen, Verantwortung festlegen" im Kapitel „Mitarbeiterentwicklung"). Die Stellenbeschreibung sollte zu Anfang einer jeden Mitarbeitersuche erstellt werden. Sie liegt einer Stellenanzeige zugrunde und sollte alle Fragen beantworten, die der Bewerber zur ausgeschriebenen Stelle haben könnte.

Detailinformationen über die Unternehmensstruktur, Wettbewerber oder das Produktportfolio des Unternehmens sind jedoch für Suchprofile von nachrangiger Bedeutung. Auch Angaben über Beschäftigungskonditionen sind in der Stellenanzeige eher verfrüht und gehören in das Vorstellungsgespräch.

Um den Erfolg der Stellenbesetzung zu messen, sollten die erfolgskritischen Faktoren der zu besetzenden Stelle bereits im Vorfeld detailliert und präzise beschrieben werden. Das dient im Nachhinein als Grundlage für eine Erfolgskontrolle.

Basierend auf der Stellenbeschreibung wird im nächsten Schritt ein genaues Anforderungsprofil erstellt. Es dient als Grundlage für die Suche nach geeigneten Kandidaten sowie für die Formulierung der Stellenausschreibung.

Welche Suchwege gibt es?

Es gibt verschiedene Möglichkeiten, einen neuen Mitarbeiter zu finden. Welcher Weg dabei am besten ist, hängt davon ab, wie die gesuchte Zielgruppe bestmöglich erreicht werden kann. Kriterien wie das verfügbare Budget und die bis zur Besetzung verbliebene Zeit müssen berücksichtigt werden. Auch zusätzliche Effekte wie die Imagewerbung oder der Aufbau eines Kandidatenpools können die Wahl des Suchwegs entscheidend beeinflussen.

Erfolgreiche Personalsuche

Die Formen der Personalsuche reichen von der klassischen Stellenanzeige über die Online-Jobbörse bis hin zur unternehmenseigenen Website. Auch die interne Suche im Unternehmen sollte nicht vergessen werden. Angesichts enger werdender Bewerbermärkte gewinnt zudem die persönliche Empfehlung an Bedeutung.

Der Klassiker – Stellenanzeigen

Suchen Unternehmen in Eigenregie nach neuen Mitarbeitern, führt der klassische Weg auch heute noch über eine Stellenanzeige. Ihr Ziel ist es, bei möglichst vielen geeigneten Kandidaten das Interesse für die ausgeschriebene Position zu wecken. Eine gute Stellenanzeige

- ist auf die Zielgruppe abgestimmt,

- ist nicht überladen oder übertrieben,

- vermittelt einen stimmigen Gesamteindruck des Unternehmens,

- enthält alle notwendigen Informationen zu Position, Tätigkeitsschwerpunkt, Einsatzort und Zeitpunkt der Stellenbesetzung und

- gibt einen Ansprechpartner für Rückfragen der Bewerber an.

Die Wahl des Mediums ist für die erfolgreiche Stellenanzeige ebenfalls von großer Bedeutung. Welches Medium für die Stellenanzeige genutzt werden sollte, hängt davon ab, welche Kandidaten das Unternehmen ansprechen möchte. Soll eine möglichst breite Zielgruppe angesprochen werden, bieten sich überregionale Tageszeitungen an. Wenn die Zielgruppe genauer eingegrenzt werden soll, bietet sich das Schalten von Anzeigen in Branchenfachmagazinen oder spezialisierten Online-Jobbörsen an.

Eine Suche in virtuellen Datenbanken hingegen ermöglicht es Personalentscheidern, gezielt nach geeigneten Kandidaten zu suchen. Hierbei wird das Anforderungsprofil der zu besetzenden Position mit den in der Datenbank gespeicherten Bewerberprofilen abgeglichen. Man spricht dabei von „Matching".

Stellenanzeigen in Printmedien

Die Stellenanzeige in Printmedien ist der klassische Weg der Mitarbeitersuche. Stellenangebote, die in überregionalen Printmedien geschaltet werden, garantieren eine große Reichweite mit breitem Adressatenkreis. Zwar ist aufgrund der zielgruppenunspezifischen Form der Ansprache ein hoher Streuverlust zu verzeichnen, doch dienen Printanzeigen nicht ausschließlich dem Ziel der Mitarbeitersuche. Vielmehr sind sie auch als Imagewerbung für Konzerne einsetzbar, um in der Öffentlichkeit wirtschaftliche Prosperität und Expansion zu signalisieren. Die Suche nach neuen Mitarbeitern signalisiert hier, dass das Unternehmen expandiert und seine Marktposition ausbauen möchte.

Beispiel: Hohe Streuverluste

> Ein Unternehmen, das als Zulieferer von Halbleitertechnologie tätig ist, inseriert auf der Suche nach Elektrotechnikern in der regionalen Tageszeitung. Diese Tageszeitung hat eine marktbeherrschende Stellung und ist für die Bewohner die einzige Möglichkeit, sich über regionale Belange zu informieren. Gleichwohl ist es eher unwahrscheinlich, dass selbst ortsansässige Techniker diese Zeitung zur Stellensuche heranziehen. Zudem werden potenzielle Kandidaten aus entfernteren Städten und anderen Bundesländern nicht erreicht. Das Anzeigeziel, qualifizierte Kandidaten anzusprechen, wird nur bei einem geringen Prozentsatz der Leserschaft erreicht. Die Streuverluste sind verhältnismäßig hoch.

Online-Jobbörsen und Social Media

Heute nutzen viele Arbeitgeber und Arbeitssuchende die Möglichkeiten des Internets, um einen neuen Mitarbeiter oder einen neuen Arbeitsplatz zu finden. Eine Stellenanzeige in einer der zahlreichen Jobbörsen ist eine beliebte und weit verbreitete Form des E-Recruiting und bietet eine effizientere und zumeist kostengünstigere Alternative zu der Stellenanzeige in einem Printmedium.

Im Gegensatz zu Anzeigen in Printmedien, z.B. in Tageszeitungen, sind die Stellenanzeigen in den Onlinemedien tagesaktuell und lange sichtbar. Über Links zu anderen Seiten können weitere Informationen in der Stellenanzeige hinterlegt werden, wodurch sie für Arbeitssuchenden leichter zu finden sind. Automatische Suchagenten informieren interessierte Suchende per Mail über aktuelle Stellenangebote. Und auch Streuverluste können besser vermieden werden: Mittels gezielter Abfrage von Suchkriterien, die vorher von den Unternehmen hinterlegt worden sind, können Arbeitssuchende die Angebote auf den Webseiten passgenau herausfiltern.

> Auch im Bereich der Online-Stellenanzeigen haben die Preise in den letzten Jahren deutlich angezogen, sie sind aber im Durchschnitt heute immer noch deutlich günstiger als Printanzeigen. Auch die Kommunikation mit Bewerbern läuft online und damit kostengünstiger ab.

Neben den klassischen Stellenanzeigen in Online-Jobbörsen bieten auch soziale Netzwerke die Möglichkeit, den passenden Mitarbeiter für einen freien Arbeitsplatz zu finden. Xing, ein soziales Netzwerk, das Mitglieder vorrangig nutzen, um ihre bestehenden beruflichen Kontakte zu verwalten und neue zu knüpfen, bietet Unternehmen neben Stellenanzeigen auch die Möglichkeit, interessante Arbeitnehmer zu finden. Dies kann durch eine direkte Suche oder über andere bereits bestehende Kontakte geschehen.

Checkliste: Welche Angaben Ihre Stellenanzeige enthalten sollte

- Wer ist der Arbeitgeber?
- Wer ist der Ansprechpartner, an den sich der Bewerber bei Rückfragen wenden kann?
- Wo ist der Einsatzort?
- Was sind die Tätigkeitsschwerpunkte des Unternehmens im Vergleich zu den Wettbewerbern?
- Welche Position wird ausgeschrieben?
- Bis wann muss die Bewerbung vorliegen?
- Was sind die konkreten Aufgabenschwerpunkte des gesuchten Kandidaten?
- Welche langfristigen Entwicklungsperspektiven bietet das Unternehmen?
- Welche außergewöhnlichen Leistungen bietet das Unternehmen?
- Welche Anforderungskriterien muss ein potenzieller Kandidat zwingend erfüllten?
- Zu welchem Zeitpunkt ist die Position zu besetzen?

Recruiting-Events und Workshops

Recruiting-Messen, Recruiting-Events und spezielle Work-shops bieten die Möglichkeit, potenzielle Mitarbeiter vor der Einstellung genauer kennenzulernen. Das erleichtert Perso-nalentscheidungen.

Recruiting-Messen

Eine gute Möglichkeit, sich als Unternehmen zu präsentieren und mit vielen Kandidaten an einem Tag in Kontakt zu treten, bieten branchen- oder zielgruppenspezifische Messeveran-staltungen rund um die Jobsuche. Ihr Hauptziel ist es, Hoch-schulabsolventen und Berufserfahrene über berufliche Ein-stiegs- und Karrieremöglichkeiten zu informieren.

Branchenspezifische Recruiting-Messen ermöglichen es Un-ternehmen, gezielt auf potenzielle Bewerber zuzugehen, da die Messebesucher zumeist eins zu eins der Zielgruppe ent-sprechen. Viele Zielgruppenmessen sind spezialisiert auf Absolventen und Young Professionals und daher besonders interessant für Unternehmen, die einen relevanten und kon-tinuierlichen Bedarf an Nachwuchskräften haben.

Mittlerweile bieten eine Reihe von Anbietern undengerech-te und rekrutierungsorientierte Serviceleistungen an. Neben Fachverlagen haben sich Beratungsunternehmen und Studen-teninitiativen auf dem Markt etabliert. Das Servicespektrum umfasst je nach Anbieter folgende Leistungen:

- Unternehmenspräsentationen
- Vorträge von Unternehmensvertretern

- Workshops
- Vorstellungsgespräche mit vorab selektierten Be-werbern
- Gruppendiskussionen
- Einzelinterviews
- Firmenmessen
- Spontaninterviews
- Karriereberatung für Absolventen bzw. Berufserfahrene
- Internetbewerberdatenbank mit direktem Kontakt zu Unternehmen

Weiterhin bieten viele Veranstalter in Kooperation mit Personalberatungen eine individuelle Karriereberatung an.

Recruiting-Workshops

Eine individuellere Möglichkeit, geeignete Bewerber zu finden, bieten Workshops mit vorselektierten Kandidaten. In der Regel sind diese Veranstaltungen branchenspezifisch ausgerichtet, es werden aber auch firmenspezifische Veranstaltungen angeboten. Im Lauf der letzten Jahre haben sich zahlreiche Agenturen und Beratungsunternehmen auf diese Art der Personalbeschaffung spezialisiert.

Durch eingereichte Anforderungsprofile der Unternehmen findet eine Vorselektion der Kandidaten statt. Anschließend werden die geeigneten Bewerber zur Veranstaltung eingeladen oder bereits im Vorfeld Gesprächstermine mit Unternehmen vereinbart. An den Workshops selbst nehmen nur die ausgewählten Kandidaten teil.

Der Aufbau der Workshops beinhaltet in den meisten Fällen praxisnahe Fallstudien, Gruppendiskussionen zu aktuellen Themen aus Politik und Wirtschaft und Einzelinterviews. Trotz des erheblichen Mehraufwands, vor allem aus Kostensicht, sparen Unternehmen erheblich an zeitlichen und organisatorischen Ressourcen.

> Ob ein Workshop mit vorselektierten Kandidaten oder eine individuell gestaltete Veranstaltung auf dem Firmengelände: Die Maßnahme sollte sich mit der Zielsetzung des Personalmarketing-Konzeptes decken. Nur so bleibt gewährleistet, dass sich die Kosten im Rahmen der Budgetierung bewegen und gleichzeitig vakante Positionen durch qualifizierte Bewerber besetzt werden.

Empfehlungen und interne Suche

Weitere Möglichkeiten, einen passenden Kandidaten für eine Position im Unternehmen zu finden, sind zum einen die persönliche Empfehlung eines Kandidaten durch einen Mitarbeiter, Kollegen oder engen Vertrauten oder aber das Besetzen der Stelle durch einen bereits im Unternehmen tätigen Mitarbeiter:

Interne Ausschreibungen können als wirkungsvoller Anreiz eingesetzt werden, um qualifizierten Mitarbeitern Entwicklungschancen aufzuzeigen. Der interne Wechsel wirkt für den Beschäftigten als Auszeichnung. Diese Option steigert die Motivation der Mitarbeiter im gesamten Unternehmen und senkt gleichzeitig die Fluktuationsrate.

> Oftmals sind Unternehmen durch Betriebsvereinbarungen gehalten, offene Stellen zunächst oder ausschließlich intern auszuschreiben. Auch der Betriebsrat kann eine innerbetriebliche Ausschreibung verlangen (§ 93 BetrVG).

Bei der innerbetrieblichen Ausschreibung muss der Arbeitgeber nach § 11 AGG sicherstellen, dass kein Arbeitnehmer von vornherein von der Auswahl ausgeschlossen ist. Der Zugang zur Ausschreibung muss deshalb für die gesamte Belegschaft gleich gestaltet sein. Außerdem muss die Ausschreibung in den im Betrieb gesprochenen Hauptsprachen erscheinen und von allen Arbeitnehmern ausländischer Herkunft gelesen und verstanden werden können. Auch die Gleichbehandlung der Arbeitnehmer nach § 75 BetrVG muss gesichert sein.

> Wenn eine Stelle parallel oder zeitversetzt intern und extern ausgeschrieben wird, müssen beide Suchanzeigen dieselben Anforderungen enthalten. Ansonsten gelten für die innerbetriebliche Ausschreibung die gleichen Kriterien wie für die externe.

Partner bei der Personalsuche

In bestimmten Situationen, z. B. wenn die Personalabteilung voll ausgelastet ist oder das Unternehmen bei der Suche eines geeigneten Kandidaten nicht öffentlich auftreten möchte, kann es sinnvoll sein, auf externe Partner zurückzugreifen.

Personalberater und Headhunter

Personalberater werden meist nur für die Besetzung von gehobenen Fach- und Führungspositionen sowie Spezialisten mit einem Jahreseinkommen von über 60.000 Euro eingeschaltet. Für ihre Leistungen erhalten sie ein Honorar von bis zu drei Monatsgehältern, das oftmals erfolgsabängig bezahlt wird.

Direkt- oder Executive-Search-Berater, auch Headhunter genannt, arbeiten immer im Auftrag des Unternehmens. Im Gegensatz zu Personalberatern werden Headhunter dann von Unternehmen engagiert, wenn für offene Positionen hochqualifizierte Spezialisten benötigt werden, die am Arbeitsmarkt schwer zu finden sind. Der Großteil der Top-Management-Positionen wird in allen Branchen ausschließlich über Headhunter besetzt. Headhunter sollten für die Direktsuche sehr gute Kenntnisse der Branche des Auftraggebers und ein breites Netzwerk mit Personenkontakten besitzen. Das Honorar für die Stellenbesetzung wird individuell vereinbart.

Bundesagentur für Arbeit

Neben der elektronischen Stellenbörse der Bundesagentur für Arbeit können Unternehmen bei der Mitarbeitersuche auch den kostenlosen Arbeitgeberservice der Arbeitsagentur in Anspruch nehmen. Das Qualitätsniveau der von der Bundesagentur für Arbeit vermittelten Arbeitnehmer hängt jedoch stark von der Arbeitsmarktlage ab. Bei hoher Arbeitslosenquote enthält der Bewerberpool der Bundesagentur für Arbeit vermehrt leistungsfähige Kandidaten. Je spezifischer das Anforderungsprofil ist, umso schwieriger wird es, den passenden Kandidaten vermittelt zu bekommen.

Bei einem begrenzten Budget zur Personalbeschaffung, bietet der kostenlose Service des Arbeitsamts einen Ausweg aus der Kostenfalle. Ein Eintrag des Stellenangebots in den virtuellen Stellenmarkt der BA (www.arbeitsagentur.de) ermöglicht es, das Stellenangebot bundesweit publik zu machen.

Vermittler und Personaldienstleister

Personalvermittler sind erfolgsorientiert vergütete Makler, die sowohl im Auftrag des Unternehmens wie auch des Arbeitnehmers tätig werden. Für Stellensuchende ist die Dienstleistung kostenlos. Kommt es zu einer erfolgreichen Stellenvermittlung, bezahlt der Arbeitgeber eine Vermittlungsgebühr. Personalvermittler werden in der Regel bei der Suche nach Mitarbeitern mit einem Jahresbruttogehalt von zwischen 25.000 und 50.000 Euro eingesetzt. Im Unterschied zur Personalberatung gibt es bei der privaten Arbeitsvermittlung keine Garantie auf kostenlosen Ersatz, falls der vermittelte Kandidat das Unternehmen in der Probezeit verlässt.

Im Sektor der Personalvermittlung haben sich zumeist kleine Unternehmen etabliert, die allerdings ein sehr unterschiedliches Leistungsspektrum anbieten. Gute Personalvermittler kennen den Markt und wissen, aus welchem Bewerberpool sie geeignete Kandidaten rekrutieren können. Sie unterstützen Unternehmen bei der Erstellung eines gut definierten Anforderungs- oder Bewerberprofils. Die Kosten für einen Personalvermittler liegen bei 10 bis 15 Prozent des Jahresbruttogehalts des vermittelten Kandidaten. Bei regelmäßigen Aufträgen liegen Pauschalangebote privater Personalvermittlungen zwischen 750 bis 2.500 Euro je Vermittlungserfolg.

Bewerberauswahl

Die Auswahl des besten Kandidaten aus einer Vielzahl von Bewerbern ist ein komplexer Vorgang, der in allen Phasen besondere Sorgfalt erfordert – und sie ist vor dem Hintergrund des steigenden Fachkräftemangels eine der zentralen Aufgaben des Personalmanagements. Fehlentscheidungen bei der Einstellung neuer Mitarbeiter sind teuer, kosten Nerven und Zeit. Darum sollten Personalentscheider bei der Mitarbeiterauswahl die im Folgenden vorgestellten Methoden systematisch anwenden, sich ausreichend Zeit nehmen und Ressourcen gezielt einsetzen.

In diesem Kapitel lesen Sie,

- wie Sie die Sichtung und Bewertung der Bewerbungen vornehmen,
- auf welche gesetzlichen Regelungen der Nicht-Diskriminierung Sie achten sollten,
- wie Sie den Auswahlprozess durch computergestützte Verfahren (E-Recruitment) effektiver gestalten können und
- wie externe Anbieter Sie bei der Vorauswahl unterstützen können.

Die Vorauswahl effizient gestalten

Aus den eingegangenen Bewerbungen muss in einem zumeist mehrstufigen Prozess der beste Kandidat für die ausgeschriebene Position ausgewählt werden. Dafür bieten sich verschiedene Vorgehensweisen an.

Bewerbungen sichten und bewerten

In der Regel erreicht den Personalentscheider bzw. die Personalabteilung eine Vielzahl an Bewerbungen. Entscheidend bei der Begutachtung der eingegangenen Unterlagen ist die Vollständigkeit der Angaben. Fehlen Dokumente wie z. B. Zeugnisse und Arbeitsproben oder werfen Lücken im Lebenslauf Fragen auf, sollte der Personalmanager die Eingangsbestätigung nutzen, um die gewünschten fehlenden Informationen anzufordern.

Da die Bewerbungsmappe die erste Arbeitsprobe des potenziellen neuen Mitarbeiters ist, muss sie inhaltlich genauestens geprüft werden. Es ist jedoch von keinem Personalentscheider zu erwarten, dass er schon in der ersten Auswahlrunde sämtliche Unterlagen eingehend studiert. Besonders wichtig für die Analyse sind das Anschreiben und der Lebenslauf, weil dort konkrete Hinweise auf Qualifikation und Persönlichkeit des Kandidaten sowie auf die Ernsthaftigkeit der Bewerbung zu finden sind. Anschreiben und Lebenslauf sollten einen roten Faden erkennen lassen.

Beispiel: Überzeugendes Anschreiben

Der Marktführer in der Lebensversicherungsbranche sucht einen Sachbearbeiter. Der Bewerber absolvierte bei einem akut finanzschwachen Konkurrenten eine Lehre und erhofft sich bei dem angeschriebenen Unternehmen ein seriöseres Arbeitsumfeld und ein hohes Maß an Jobsicherheit. Die Bewerbungsunterlagen sind sorgfältig geordnet und das Layout einfach, aber übersichtlich und einheitlich gestaltet. Die Argumentation ist nachvollziehbar und wird durch den Lebenslauf und das Zeugnis des früheren Arbeitgebers gedeckt. Die gesamte Mappe gibt dem Personalverantwortlichen den Eindruck, dass es sich lohnt, mit diesem fachlich soliden und motivierten Mitarbeiter einen Interviewtermin zu vereinbaren.

Belegt eine inhaltliche überzeugende und optisch gut gestaltete Bewerbungsmappe einen ebenso stringenten Karriereverlauf, ist dieser Bewerber in der Regel ein Kandidat für ein Vorstellungsgespräch.

Sichtung und Bewertung der Bewerbungen

 1 Sichtung der Bewerbungen

- Bewerber erfassen (manuell, Web-Portal, Bewerbermanagement)
- Unterlagen auf Vollständigkeit prüfen
- Eingangsbestätigungen versenden

 2 Erster Bewertungsvorgang

- Bewerber erfassen (manuell, Web-Portal, Bewerbermanagement)
- Zwischennachrichten und Absagen versenden

3   Zweiter Bewertungsvorgang

- Vorentscheidung des Personalverantwortlichen/Personalbereichs

- Versenden von Einladungen zum Vorstellungsgespräch, von Absagen und ggf. von sogenannten „Eisschreiben" an die Bewerber, die nicht in der engeren Wahl sind, aber möglicherweise in Zukunft interessant sein könnten.

 4   Auswahl

- Eignungstest/Assessment Center

- Einladung zum Interview oder Absage nach Eignungstest

- ggf. Einladung zu einem zweiten Interview oder Absage

- ggf. zweites Interview

5   Einstellung

Mit E-Recruitment-Lösungen
Online-Bewerbungen besser managen

Um die Zeit- und Kostenvorteile der Online-Bewerbung zu nutzen, wurden E-Recruitment-Lösungen wie das Online-Bewerbermanagement und das webbasierte Bewerbermanagement entwickelt.

Umgang mit Online-Bewerbungen

Prinzipiell unterscheiden sich die Arbeitsschritte im Vorauswahlprozess nicht von den Abläufen bei den klassischen Methoden der Personalauswahl. Jedoch sollten Eingangsbestätigung, Zwischennachricht, die Einladung zum Gespräch und die Absagen per E-Mail versendet werden. Die Personalsuche und -vorauswahl per Internet und E-Mail bleiben zwar eine administrative Herausforderung, sparen aber durch die vereinfachte Korrespondenz mit dem Bewerber wertvolle Zeit, Kosten und Papier.

Wie auch bei herkömmlichen Bewerbungsmappen gilt für E-Mail-Bewerbungen, dass sie inhaltlich und hinsichtlich der Gestaltung den jeweiligen Anforderungen der Stelle entsprechen müssen.

Beispiel: Sorgfalt bei der Online-Bewerbung

Ein Hochschulabsolvent bewirbt sich per E-Mail für eine Stelle als Trainee. Der Bewerber verzichtet auf ein Anschreiben und verweist in der Mail lediglich auf die Dateianhänge. Da die Dateien nicht erklärend benannt sind, erhält der Personalverantwortliche keine Orientierungshilfe. Zudem sind einige Dokumente unsauber und schief eingescannt worden. Der Personalverantwortliche glaubt nicht, dass der Bewerber den Berufsalltag sorgfältiger meistern wird und sagt ihm ab.

Online-Bewerbermanagement

In die Betriebssoftware integrierte Anwendungen bieten den Unternehmen Komplettlösungen für den Vor- und Auswahlprozess. Besonders empfehlenswert sind die elektronischen Systeme für Großunternehmen, die einen kontinuierlichen Bedarf an Arbeitskräften haben. Ausgehend von der Erfassung der Bewerber wird über die Filterfunktionen auf Wunsch ein Bewerber-Ranking erstellt – inklusive der Formulierung von Eingangsbestätigungen, Zwischennachrichten, Einladungen zum Interview und Absagen.

> Wer ein elektronisches System der Bewerberauswahl einsetzen will, sollte sich vor dem Erwerb der Software über die Anwendungsmöglichkeiten und die Kompatibilität mit dem Betriebssystem informieren.

Neben der automatisierten Vorauswahlfunktion, die auch Bewerbungen auf der firmeneigenen Homepage einbezieht, beschleunigen E-Recruitment-Lösungen die unternehmensinterne Abstimmung. Anhand eines dokumentierten Workflows, in dem der Anwender durch ein spezielles Computerprogramm automatisch auf den nächsten Schritt im Arbeitsablauf gelenkt wird, können neben dem Personalentscheider auch zusätzliche Entscheidungsbefugte aktiv den Auswahlprozess mitgestalten.

Für eine optimale Unterstützung der Personalmanager sorgt eine zentrale Verwaltung aller personalrelevanten Informationen in einheitlicher Form. Damit sind Unternehmen in der Lage, alle internen und externen Profile zu vergleichen und geeignete Kandidaten herauszufiltern. So manchem Personalleiter ist auf diese Weise schon aufgefallen, dass eine externe Personalsuche gar nicht nötig ist, da der perfekte Kandidat bereits im eigenen Unternehmen arbeitet.

Webbasiertes Bewerbermanagement

Ebenfalls einen hohen Grad an Automatisierung im Such- und Vorauswahlprozess erreichen webbasierte Lösungen: Sie sind mit Internet-Jobbörsen und eventuell der Firmen-Website verknüpft und erzielen dadurch enorme Synergieeffekte. Die Möglichkeit einer individuellen Definition der Vorauswahl und die anschließende automatische Filterung verhindern, dass zum Scheitern verurteilte Bewerbungen bis zum Personalentscheider vordringen.

Für kleinere oder mittlere Unternehmen, die eine überschaubare Menge von Bewerbungen erhalten, ist ein solches webbasiertes System nicht notwendig, einige Tools, wie z.B. der Workflow, werden nicht benötigt.

> Auch bei Anschaffung einer webbasierten Bewerbermanagement-Software sollte unbedingt ein Qualitätsprodukt erworben werden. Die Vorteile der webbasierten Tools können sich bei schwachen Programmen leicht zu einem Nachteil für den Personalmanager entwickeln: Nicht jede Software bezieht alle erhältlichen Betriebssoftware-Lösungen mit ein.

Vorauswahl – externe Anbieter ins Boot holen

Die Vorauswahl kann auch durch externe Anbieter erfolgen. Dieses Outsourcing ist hauptsächlich auf Zeit- und Kostengründe zurückzuführen. Personalentscheider wenden sich im Einzelnen an:

- Personalberatungen,
- Headhunter und Executive-Search-Berater,

- private Personalvermittler,

- Zeitarbeitsunternehmen.

> Zeitarbeit bietet Unternehmen eine zusätzliche Möglichkeit, den geeig-
> neten Kandidaten vor Ort auszuwählen: Personalentscheider können po-
> tenzielle neue Mitarbeiter in ihrem Betrieb testen und so mit einer in-
> offiziellen Probezeit den Kandidatenkreis eingrenzen.

Vorauswahl – intern durch die Personalabteilung

Die Vorauswahl kann auch unternehmensintern durch die Personalabteilung stattfinden. Je genauer im Vorfeld durch das Anforderungsprofil ermittelt wurde, welche Qualifikation für die erfolgreiche Ausübung der Position benötigt wird und welche berufliche Ausbildung und Erfahrung der Idealkandidat mitbringt, desto einfacher wird die erste Einschätzung der eingehenden Bewerbungsunterlagen.

Folgende Punkte sollten nach der Vorauswahl als Ergebnis feststehen, und anhand eines Leitfadens festgehalten werden:

- An welchen Stellen passt der Bewerber zum gesuchten Profil?

- An welchen Stellen passt der Bewerber nicht zum gesuchten Profil?

- Welche Besonderheiten im Lebenslauf und bei den Zeugnissen fallen auf?

- Welche Lücken gibt es im Lebenslauf und welche Unterlagen fehlen?

- Wie hoch ist die Übereinstimmung auf einer Skala von A bis D zwischen Bewerber und gesuchtem Profil?

Je mehr Bewerbungen auf die zu besetzende Position eingehen, desto stärker wird die Vorselektion und Minimierung der Anzahl der Bewerber für ein nachfolgendes Interview ausfallen. Am Ende der Vorauswahl fällt die erste Entscheidung: Nachdem der Bewerber eingestuft wurde, ist klar, welcher Bewerber angerufen wird und wer eine Absage erhält.

> Bei der Vorauswahl und Dokumentation der Ablehnungsgründe müssen die Vorgaben des Allgemeinen Gleichstellungsgesetzes (AGG) berücksichtigt werden. Ablehnungsgründe müssen diskriminierungsfrei dokumentiert werden. Durch Aufnahme von Vertragsverhandlungen entsteht ein vorvertragliches Schuldverhältnis. Dieses beinhaltet wechselseitige Schutz- und Sorgfaltspflichten, deren Verstoß einen Schadensersatzanspruch nach sich ziehen kann. Kündigt z. B. ein Bewerber sein bisheriges sicheres Arbeitsverhältnis, weil er berechtigterweise den Eindruck gewinnen konnte, ein Arbeitsvertrag käme zustande, so steht ihm zumindest in Höhe des Verdienstausfalls ein Schadensersatz zu.

Auswahlprozess – wer passt zum Unternehmen?

Nach Abschluss der Vorauswahl wird das Personalmanagement in jedem Fall die stellenausschreibende Fachabteilung am weiteren Auswahlprozess beteiligen. Wie intensiv diese Beteiligung ist und welche Rollen Personalmanager und Personalentscheider (Führungskraft) einnehmen, wird je nach Unternehmen von der Organisation des Personalbereichs, von definierten Prozessen bei der Auswahl und ggf. auch von der

Bedeutung der zu besetzenden Position abhängen. Der Personalbereich sollte den Auswahlprozess in jedem Fall bis zur Einstellung begleiten, den Prozess steuern, den Einsatz von Auswahlinstrumenten vorschlagen und eventuell auch ein Beurteilungskorrektiv zum jeweiligen Fachbereich bilden.

Als dominierende moderne Auswahlmethoden haben sich in den Unternehmen verschiedene Testverfahren etabliert. Für welche Methode sich der Personalleiter entscheidet, sollte er von den jeweiligen Anforderungen an die zu besetzende Stelle abhängig machen.

Der erste persönliche Eindruck – Bewerbungsinterviews

Unabhängig davon, ob sich der Personalverantwortliche oder der Personalmanager für ein Einzel-, Doppel- oder Gruppeninterview entscheiden: Ohne persönliche Vorbereitung, zu der eine sorgfältig erarbeitete, konkrete Definition von Entscheidungskriterien gehört, kann eine erfolgreiche Personalauswahl nicht getroffen werden.

Der Personalentscheider tritt dem Bewerber im Interview als Repräsentant des Unternehmens gegenüber. Daher sollte er im Interview sowohl verbal als auch in seinem Erscheinungsbild Kompetenz und Souveränität ausstrahlen. In der Regel ist ein solches Interview auf eine Stunde begrenzt. Der Personalverantwortliche muss während des Gesprächs möglichst viele relevante Informationen von und über den Bewerber ermitteln. Dabei hilft ein im Voraus entwickelter Fragenkatalog.

> In der Praxis haben sich die drei Grundsätze der Fragetechnik bewährt: Vom Aktuellen zum Vergangenen, vom Fachlichen zum Persönlichen und vom Positiven zum Negativen.

Für den Bewerber ist ein Bewerbungsinterview in der Regel eine Stresssituation. Der Personalentscheider wird daher oftmals mit Unsicherheit und Nervosität konfrontiert. Um das Ziel des Interviews nicht zu gefährden, sollte der Personalentscheider dieses geschickt steuern. Das Interview verläuft am erfolgreichsten in einer ruhigen, respektvollen, sachlichen und entspannten Stimmung. Um diese Atmosphäre zu erreichen, muss die zu erwartende Nervosität des Bewerbers minimiert werden. Der Personalleiter sollte daher Ruhe und Sicherheit ausstrahlen.

Checkliste: Wie Sie sich als Personalmanager inhaltlich auf ein Interview vorbereiten

- Haben Sie unterstützendes Material für Ihre Ausführungen zur Hand wie z.B. Prospektmaterial, Organigramme oder Produkte „zum Anfassen"?
- Haben Sie sich noch einmal die Muss- und Wunschziele vergegenwärtigt?
- Sind Sie sich der wichtigsten Fragen und Fragearten an den Bewerber noch bewusst, vor allem zu Lücken in den schriftlichen Unterlagen?
- Haben Sie die Unterlagen, insbesondere den Lebenslauf des Bewerbers, noch vor Augen?

- Haben Sie ein Konzept für den Gesprächsverlauf erarbeitet?

- Haben Sie, wenn andere Kollegen an dem Interview teilnehmen, alle relevanten Unterlagen verteilt oder zugänglich gemacht, um mit einem gleichen Informationsstand ins Gespräch zu gehen?

- Haben Sie Bewertungskriterien erarbeitet, ggf. mit den Kollegen abgeklärt und in einer schriftlichen Form zur Verfügung gestellt (Matrix)?

Mit Tests und Assessment Center die Fähigkeiten der Bewerber einschätzen

Assessment Center (AC) gehören zum Standardrepertoire auf dem Gebiet der Personalauswahl. Sie bestehen aus verschiedenen Bausteinen, die eingesetzt werden, um z.B. Fachwissen, Organisationtalent, Stressverhalten sowie kommunikative Fähigkeiten zu prüfen. Welche AC-Bausteine infrage kommen, hängt von der zu besetzenden Stelle ab. Die Bausteine eines ACs lassen sich drei Verfahrenskategorien zuordnen:

- aktuelles Verhalten,

- früheres Verhalten und

- Verhaltensindikatoren wie Intelligenz und Leistungsvermögen.

Etablierte Übungen in einem AC sind z.B. die Selbstpräsentation, die Gruppendiskussion, das Rollenspiel, die Postkorbübung, In-vivo-Übungen, Fallstudien, psychologische Testverfahren und das Interview.

Beispiel: Bausteine im Assessment Center

Ein großes Verlagshaus sucht einen neuen Marketingreferenten. Das Unternehmen entwickelt ein AC mit den Bausteinen Selbstpräsentation, Wissenstest und Interview. Wichtiger als Organisationstalente sind dem Personalleiter kommunikationsstarke Mitarbeiter, die sich in der Geschichte des Unternehmens auskennen und die Auflagen der jeweiligen Zeitschriften und die gängigen Verlagsbegriffe kennen sowie über eine gute Allgemeinbildung verfügen.

Psychologische Tests

Psychologische Tests werden eingesetzt, um das Verhalten oder die Leistungen von Bewerbern unter bestimmten Bedingungen zu beurteilen:

- Intelligenztests
- Leistungstests
- Persönlichkeitstests

Die Nutzung von psychologischen Testverfahren für die Personalauswahl ist eine naheliegende Methode. Dennoch sollten sie nur als Teil eines systematischen Methoden-Mixes benutzt werden. Erst die Kombination verschiedener Methoden erlaubt es, positive Auswahleffekte zu verstärken und negative zu minimieren.

Online-Lösungen

Im Rahmen des allgemeinen Personalauswahlprozesses lassen sich auch Online-Lösungen wie E-Assessment- und Online-Testverfahren einsetzen. Ziel von seriösen Online-Lösungen ist es, möglichst ressourcensparend zuverlässige Ergebnisse zu gewinnen.

Beim E-Assessment-Verfahren wird die Personalauswahl als Baustein in den Internetauftritt des Unternehmens eingefügt. Im Gegensatz zum klassischen AC umfassen E-Assessment-Verfahren oftmals simulative oder spielerische Ansätze. Ein Vorteil dieser Methode besteht darin, dass sie mit einem Online-Bewerbermanagement-Tool verknüpft werden kann. Der zeitliche Umfang von E-Assessment-Verfahren erstreckt sich von 15 Minuten bis hin zu zwei Stunden.

Auswahl durch externe Dienstleister

Die Leistungsvielfalt externer Anbieter ermöglicht Unternehmen eine maßgeschneiderte Wahl der gewünschten Auswahlelemente. Bei den externen Anbietern von AC wird zwischen Unternehmen unterschieden, die AC planen, und denen, die es nach der Planung auch durchführen. Unabhängig davon, welche Methode der Personalentscheider wählt, gilt allerdings: Die Voraussetzungen für ein erfolgreiches AC sind neben der Kompetenz des Anbieters eine präzise Definition des Anforderungsprofils und ein reger Austausch zwischen Auftraggeber und Kunden.

Es gibt auch eine Vielzahl von externen Anbietern für Testverfahren. Bei der Entscheidung sollte der Personalleiter folgende Faktoren berücksichtigen:

- die Qualität des Leistungsangebots,
- das Kosten-Nutzen-Verhältnis,

- die Branchenkenntnisse des Anbieters und
- die Referenzen.

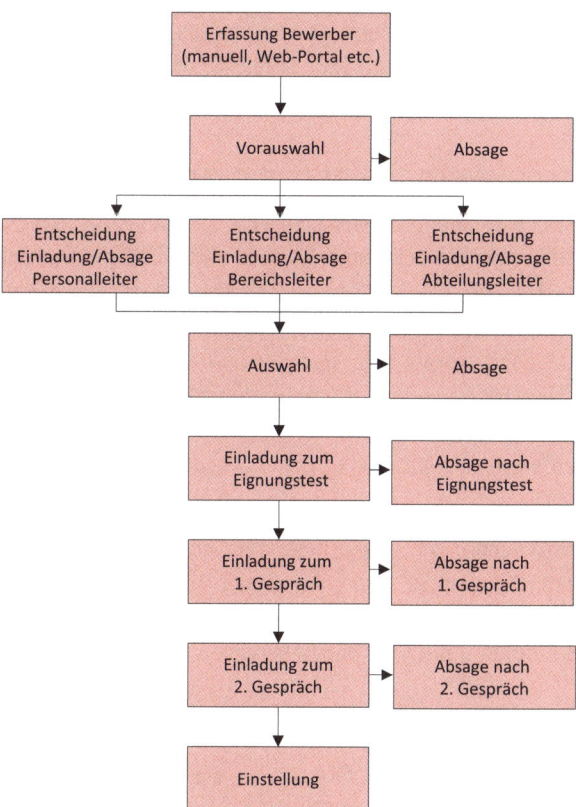

Der Prozess der Personalauswahl

Einstellung – Verhandeln bis zur Unterschrift

Vor der Einstellung müssen die Details des Arbeitsvertrags verhandelt werden. Zwischen der Zusage des Personalleiters und dem Zeitpunkt der Unterschrift des Bewerbers gilt es, Fragen wie Gehaltshöhe oder Probleme wie ein Schulwechsel des Kindes zu klären.

Vertragsverhandlungen geschickt führen

Sofern Personalentscheider die Gehaltsfrage nicht schon beim Vorstellungsgespräch angesprochen haben, sollten sie dies spätestens bei der Zusage tun. Taktisch hat es sich bewährt, dem Kandidaten nicht schon zu Beginn das maximal erzielbare Gehalt anzubieten. Der Personalverantwortliche sollte künftige Entwicklungsschritte entlohnen und eine Gehaltserhöhung nach der Einarbeitungsphase nach sechs oder zwölf Monaten in Aussicht stellen.

Manchmal fordern Bewerber Extraleistungen wie einen Dienstwagen, Umzugskostenerstattungen oder Versicherungsleistungen. Sollte der Personalentscheider diesen Forderungen nicht nachkommen wollen, kann er als Ausgleich z. B. eine Erhöhung des Grundgehalts bieten.

Gesundheitscheck

Sofern die körperliche Fitness für die Ausübung des Jobs entscheidend ist, darf der Arbeitgeber vom Bewerber einen Gesundheitscheck fordern. Nach Angaben des Bundesarbeitsministeriums dürfen ärztliche Einstellungsuntersuchungen und psychologische Tests nur in den gesetzlich vorgeschriebenen Fällen oder mit ausdrücklicher Zustimmung des Bewerbers durchgeführt werden. Bei Jugendlichen ist der Gesundheitscheck Pflicht.

Gesundheitschecks können in belastenden oder solchen Berufen Pflicht sein, in denen Ansteckungen ein großes Risiko ist. Dazu zählen z. B. Berufsgruppen wie Arzt oder Pilot. Der Arzt darf dem Arbeitgeber nur das mitteilen, was notwendig ist, um festzustellen, ob der potenzielle Arbeitnehmer für die jeweilige Tätigkeit geeignet ist.

Onboarding-Programme – den Einstieg erleichtern

Mit Onboarding bezeichnet man das Einstellen und Integrieren von neuen Mitarbeitern im Unternehmen. Der frühe Kontakt zum neuen Mitarbeiter sowie die Vorbereitung des Arbeitsplatzes und der Arbeitsmittel sind der erste Schritt des Onboarding-Prozesses.

Um diesen Prozess möglichst erfolgreich umzusetzen, empfiehlt es sich, einen Ablaufplan anzulegen, der dem neuen Mitarbeiter und allen am Prozess Beteiligten vorab kommuniziert wird. So wird sichergestellt, dass Zuständigkeiten geklärt sind und der neue Mitarbeiter im Unternehmen gut aufgenommen wird, da jedem Einzelnen seine Aufgaben schriftlich zugewiesen sind.

Onboarding-Programme können bewirken, dass neue Mitarbeiter schneller produktiv sind und gute Arbeit abliefern, weil sie die Unternehmenskultur kennen, die notwendigen Informationen haben und tragfähige Beziehungen und Netzwerke im Unternehmen aufgebaut haben.

> Unternehmen sollten die Wirksamkeit des Onboarding-Programms regelmäßig messen. Hilfreich sind hier Befragungen der neu Eingestellten. Aber auch die im Prozess beteiligten Personen aus der Personalabteilung sollten regelmäßig zum Erfolg des Programms befragt werden. Onboarding funktioniert nur, wenn es einen klaren Verantwortlichen gibt, der die einzelnen Schritte abteilungsübergreifend im Blick hat.

Beim Eintritt in einen neuen Job hilft es, wenn dem neuen Mitarbeiter ein erfahrener Kollege zur Seite steht. Er stellt ihm die Kollegen vor und führt ihn in die Infrastruktur des Unternehmens und des Arbeitsplatzes ein. Er ist der erste Ansprechpartner des neu Eingestellten. Eine Checkliste mit allen vorbereitenden Tätigkeiten hilft, dass nichts vergessen wird. Hier geht es sowohl um administrative Belange als aus um Zwischenmenschliches wie z. B. einen Willkommens-Blumenstrauß.

Mitarbeiterentwicklung

Mitarbeiter zählen zu den entscheidenden Vermögenswerten des Unternehmens. Die Qualität des Personals ist ein maßgeblicher Faktor für den Unternehmenserfolg. Unternehmen müssen in die Entwicklung ihrer Mitarbeiter investieren, um wettbewerbsfähig zu bleiben. Das Gleiche gilt für Mitarbeiter, die beschäftigungsfähig bleiben wollen: Die regelmäßige Aktualisierung und Weiterentwicklung der Qualifikationen ist ein Muss.

In diesem Kapitel lesen Sie unter anderem,

- welche Gründe es für die zunehmende Bedeutung der Personalentwicklung gibt,
- welches die wichtigsten Aufgabenfelder der Personalentwicklung sind,
- wie Sie ein effektives Personalentwicklungskonzept planen und
- welche Ziele mit der Personalentwicklung aus Unternehmens- und Mitarbeitersicht verfolgt werden.

Den Entwicklungsbedarf identifizieren

Ausgangssituation der Personalentwicklung (PE) ist die aktuelle und zukünftige Bedarfssituation des Unternehmens. Der PE-Verantwortliche knüpft hier unmittelbar an die Personalbedarfsplanung an (siehe Kapitel „Personalplanung"). Ist der quantitative Bedarf ermittelt, muss das derzeitige und zukünftige Anforderungsprofil für das Unternehmen erarbeitet werden. Dabei stehen verschiedene Methoden zur Verfügung.

Zielführende Personalentwicklung mit dem richtigen Konzept

Um den Prozess der Personalentwicklung zielorientiert und strukturiert durchzuführen, müssen zunächst Anforderungs- und Fähigkeitsprofile verglichen werden. Anschließend wird die Deckungslücke ermittelt (siehe auch Kapitel „Bewerberauswahl"). Nachdem das Entwicklungspotenzial und -volumen bestimmt wurde und die Entwicklungskandidaten festgelegt sind, müssen Entwicklungsmaßnahmen ausgesucht werden. Nach deren Durchführung werden die Entwicklungskontrollen vorgenommen.

Vor der operativen Umsetzung der Personalentwicklung im Unternehmen muss der PE-Verantwortliche die Strategie festlegen. Erst wenn geklärt ist, welchen Stellenwert die Personalentwicklung im Unternehmen einnimmt, kann er ein konkretes Konzept erarbeiten (siehe folgende Abbildung).

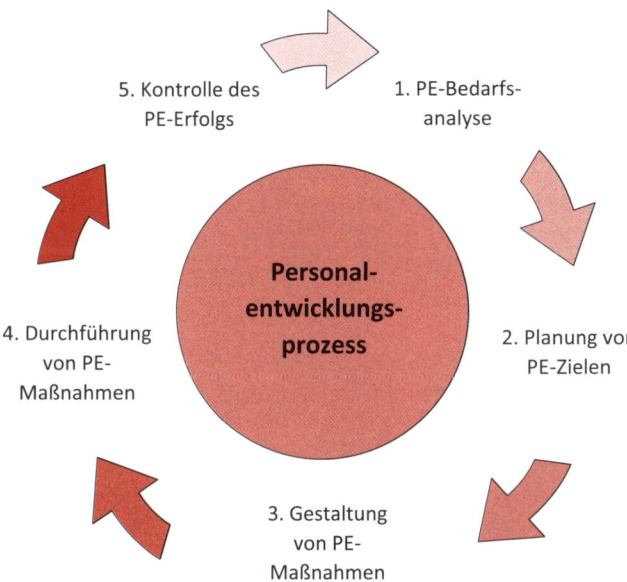

Phasenmodell der Personalentwicklung

Das Unternehmen und der einzelne Mitarbeiter verfolgen differenzierte Ziele bei der Personalentwicklung. Mögliche Ziele sind

- die Sicherung des Arbeitsplatzes,
- die Sicherung einer qualifizierten Belegschaft,
- die Verbesserung der Aufstiegsmöglichkeiten,
- die Entfaltung der individuellen Fähigkeiten,
- die Steigerung des individuellen Ansehens,
- die Steigerung des Arbeitgeberansehens,

- die Steigerung der Vergütung,

- die Steigerung der Produktivität sowie

- das Streben nach sozialem Aufstieg.

Um beide Zielperspektiven zu berücksichtigen, sollte das Personalentwicklungskonzept im Unternehmen publik gemacht werden und Mitarbeiter und Führungskräfte sollten in die Entwicklung des Konzepts einbezogen werden. Je klarer den Beteiligten die angestrebten Ziele der Personalentwicklung sind, desto einfacher kann diese betrieben werden. Zudem entsteht so Vertrauen und Akzeptanz bei den Mitarbeitern.

Checkliste: Welche Fragen sind vor der Umsetzung eines Personalentwicklungskonzepts zu klären?

- Haben Sie die Arbeitsmarktsituation geprüft?

- Wissen Sie, welche Entwicklungsmaßnahmen Ihre wichtigsten Wettbewerber durchführen?

- Sind Ihnen die relevanten Gesetze, tariflichen Bestimmungen und Mitbestimmungsrechte des Betriebsrats bekannt?

- Haben Sie die Ziele und Erfolgskriterien der angestrebten Personalentwicklung deutlich formuliert?

- Sind Ihnen die Ziele und Motive der Mitarbeiter bekannt?

- Passen die Entwicklungsmaßnahmen zur Unternehmensstrategie und zu den Mitarbeitern?

- Stehen Unternehmensleitung und die Führungskräfte hinter dem Thema der Personalentwicklung?

- Kennen Sie die Qualifikationsstruktur der Belegschaft?

- Haben Sie die Zielgruppen des Entwicklungskonzepts genau bestimmt?

- Haben Sie festgelegt, welche Karrieremöglichkeiten und Verantwortungsbereiche erfolgreichen Teilnehmern angeboten werden?

- Haben Sie vorliegende Erfahrungen mit Personalentwicklungsmaßnahmen berücksichtigt?

Stellenbeschreibung – Aufgaben, Kompetenzen, Verantwortung festlegen

Eine Stellenbeschreibung erläutert schriftlich, welche Aufgaben, Kompetenzen und Verantwortung die Stelle mit sich bringt. Sie setzt sich zusammen aus:

1 Instanzenbild

2 Kommunikationsbeziehungen

3 Aufgabenbild

4 Leistungsbild.

1 Instanzenbild

Das Instanzenbild der Stellenbeschreibung setzt sich zusammen aus:

- der Stellenbezeichnung,

- der Stellennummer,

- der Abteilung,

- dem Stelleninhaber,

- dem Dienstrang und
- dem Geschäftsbereich.

Zusätzlich nimmt der PE-Verantwortliche eine instanzielle Einordnung vor. In diesem Zusammenhang wird geklärt,

- wer dem Mitarbeiter fachliche Weisungen gibt,
- wem der Mitarbeiter entsprechende Weisungen erteilt,
- wer sein Stellvertreter ist,
- welche Arbeitnehmer im Unternehmen ihm unterstellt sind und
- welche Kompetenzen der einzelne Mitarbeiter hat.

2 Kommunikationsbeziehungen

Bei den Kommunikationsbeziehungen ist schriftlich festzuhalten,

- an wen der Mitarbeiter Berichte liefert,
- von wem er Berichte erhält,
- an welchen Konferenzen/Meetings/Besprechungen er teilnimmt und
- mit welchen Stellen innerhalb des Unternehmens er zusammenarbeitet.

3 Aufgabenbild

Zu dem Aufgabenbild einer Stelle gehören:

- die sich wiederholenden und die unregelmäßig anfallenden Tätigkeiten,

- die Arbeitsmittel, die der Mitarbeiter verwendet (wie z.B. der PC) und

- die relevanten Richtlinien und Vorschriften.

4 Leistungsbild

Das Leistungsbild vervollständigt die Stellenbeschreibung. Hier sind zu erfassen:

- die notwendigen Kenntnisse, Fertigkeiten und Fähigkeiten der Stelle sowie

- die personenbezogenen Eigenschaften.

Zusätzlich enthält die Stellenbeschreibung die quantitativen (Umsatz) und qualitativen Leistungsstandards (Betriebsklima) der jeweiligen Stelle.

Beispiele: Leistungsbild

> Ein Architekt muss realisierbare Entwürfe erstellen. Dementsprechend sollte er Genauigkeit und Sorgfalt mitbringen. Bei einem Handelsvertreter sind hingegen andere Eigenschaften vorrangig gefragt. Hier sind Kontaktfreudigkeit und Freundlichkeit relevante Kriterien.

Hat das Unternehmen bislang noch nicht mit Stellenbeschreibungen gearbeitet, kann die erstmalige Einführung durchaus einen gewissen Arbeitsaufwand mit sich bringen: Anhand von Gesprächen mit den Stelleninhabern sollten die anfallenden Aufgaben erfasst und miteinander abgeglichen werden, um Überschneidungen zu vermeiden. Die Aufgaben werden schließlich gebündelt und in der Stellenbeschreibung festgehalten.

Zu beachten ist, dass auch Stellenbeschreibungen einem Wandel unterliegen: Technische Entwicklungen oder organisatorische Veränderungen machen es notwendig, Stellenbeschreibungen zu aktualisieren. Den nötigen Informationsinput über anstehende Neuerungen sollte der Personalplaner bei der Geschäftsleitung oder den jeweiligen Bereichsleitern erfragen.

Kriterien zur Aktualisierung von Stellenbeschreibungen

 1 Fragen zu Technik und Verfahren

- Sind technische Neuerungen zu erwarten?
- Werden spezielle Fähigkeiten zum Umgang mit neuen Produktionsverfahren benötigt?
- Ist die Einführung einer neuen Software geplant, die besondere Kenntnisse erfordert?

 2 Absatz- und Produktstrategie

- Gibt es veränderte Zielsetzungen?
- Gibt es Veränderungen in den Absatzmärkten?
- Ist mit neuen Produkten oder Dienstleistungen zu rechnen? Mit welchen?

 3 Investitionsplanung

- Welche Investitionen sind geplant?
- Mit welchen Folgen für die einzelnen Arbeitsbereiche und für das Personal?

4 Organisation und Personal

- Eignungstest/Assessment Center
- Einladung zum Interview oder Absage nach Eignungstest
- ggf. Einladung zu einem zweiten Interview oder Absage
- ggf. zweites Interview

5 Einstellung

- Sind Umstrukturierungen geplant?
- Gibt es Unternehmensbereiche, die z.B. durch Verkauf wegfallen?
- Sind grundlegende Personalveränderungen, z.B. Personalkostensenkungen, geplant?

Mit dem Anforderungsprofil die konkrete Stelle beschreiben

Anforderungsprofile ergänzen Stellenbeschreibungen. Sie machen deutlich, welche Fähigkeiten, Kenntnisse und persönliche Kompetenzen für die einzelne Stelle erforderlich sind. Es werden nicht nur Aufgaben, Ziele, Befugnisse und Verantwortungsbereiche aufgeführt, sondern auch das erwünschte Verhalten des Stelleninhabers.

Im Anforderungsprofil werden fachliche (z.B. Fachwissen) und persönliche (z.B. Belastbarkeit) Anforderungskriterien schriftlich dokumentiert.

Die persönlichen Anforderungen können sich z. B. aus folgenden Kriterien zusammensetzen:

- Führungsverhalten (z. B. Mitarbeiter- oder Aufgabenorientierung),
- Belastbarkeit,
- Leistungsbereitschaft,
- Eigenständigkeit,
- Flexibilität,
- Kommunikationsfähigkeit,
- Teamfähigkeit,
- Lernbereitschaft und
- analytisches, strategisches, unternehmerisches Denken.

Die richtigen Mitarbeiter auswählen

Nachdem der Entwicklungsbedarf des Unternehmens erfasst ist, gilt es, herauszufinden, welche Mitarbeiter für Entwicklungsmaßnahmen infrage kommen.

Mitarbeiterbeurteilung – den Mitarbeiter einschätzen

Um die Entwicklungsmaßnahmen gezielt auf die Beschäftigten abzustimmen, schätzt der Vorgesetzte den Mitarbeiter ein. Er wird dabei entweder vergangenheits- oder zukunftsorientiert beurteilt. Bei der Leistungsbeurteilung handelt es sich um eine vergangenheitsorientierte Diagnose eines festgelegten Zeitraums. Bei der Potenzialbeurteilung trifft der Vorgesetzte eine zukunftsorientierte Diagnose.

Bei der Beurteilung empfiehlt es sich, mit Checklisten zu arbeiten, um zu sehen ob oder inwieweit die Kriterien erfüllt sind. Neben den führungsbezogenen Fähigkeiten spielen in der Praxis auch die operativen und strategischen Kompetenzen eine Rolle.

Um das Instrument der Mitarbeiterbeurteilung richtig einsetzen zu können, sollten mögliche Risiken beachtet werden:

- Veränderung und Entwicklung der Mitarbeiter
- Sympathien und Antipathien des Vorgesetzten
- Beurteilungsverzerrung durch herausragende Eigenschaften
- überdurchschnittliche Beurteilung durch intensiven Kontakt
- Benachteiligung aufgrund des Altersunterschieds

Beispiel: Unterschiedliche Maßstäbe

> Ein jüngerer Vorgesetzter bewertet die Entscheidungsfreudigkeit seiner Mitarbeiter positiv. Sein Kollege, eine ältere Führungskraft, empfindet diese hingegen als Eingriff in seine Kompetenzen und bewertet sie negativ.

Mit Fördergesprächen/Coachings die richtigen Weichen stellen

Das Fördergespräch, auch als Laufbahngestaltungs- oder Nachfolgegespräch möglich, ist ein entscheidender Baustein der Personalentwicklung. Beim Fördergespräch dominieren zukunftsorientierte Aspekte. In der Praxis werden mehrere Varianten des Fördergesprächs genutzt:

- Vier-Augen-Gespräche,
- Gruppengespräche und
- 100-Tage-Gespräche.

> Sowohl der Vorgesetzte als auch der Mitarbeiter sollten sich gut auf ein Fördergespräch vorbereiten. Deswegen sollte der Termin rechtzeitig festgesetzt und ausreichend Zeit eingeplant werden.

Fördergespräche sind für Mitarbeiter eine Gelegenheit, ihre Entwicklungsbedürfnisse zum Ausdruck zu bringen. Oftmals sind sie aber nicht darüber informiert, welche Entwicklungsmöglichkeiten das Unternehmen bietet. Hier sollte das Fördergespräch zur Informationsvermittlung genutzt werden. Am Ende des Gesprächs sollten die weiteren Schritte der Mitarbeiterentwicklung geklärt sein. Darüber hinaus gilt es festzulegen, mit welchen Förder- und Bildungsmaßnahmen diese Pläne realisiert werden.

Da Fördergespräche häufig mit Beurteilungsgesprächen verknüpft werden, gilt es, am Ende des Gesprächs die Ziele für die neue Arbeitsperiode zu definieren und diese mit Zielvereinbarungen zu untermauern. Beides wird schriftlich dokumentiert und die Zielerreichung wird beim nächsten Förder- und Beurteilungsgespräch diskutiert. Mithilfe von Zielvereinbarungen wird das Fördergespräch bei regelmäßiger Anwendung zu einem Controlling-Instrument für Personalentwicklungsmaßnahmen.

360-Grad-Feedback – den Istzustand erheben

In der Personalentwicklung kann das 360-Grad-Feedback als Diagnose- und Informationsinstrument genutzt werden. Es erhebt den Istzustand des Leistungs- und Führungsverhaltens und kann durch die umfassenden Informationen, die man durch das Feedback gewinnt, als Basis für ein Stärken-Schwächen-Profil genutzt werden. Die Führungskräfte werden beim 360-Grad-Feedback aus verschiedenen Perspektiven beurteilt. Feedback-Geber können sein:

- direkt unterstellte Mitarbeiter,
- der Vorgesetzte der Führungskraft,
- wichtige Kunden,
- Beschäftigte der gleichen Ebene, die eng mit der Führungskraft zusammenarbeiten und
- die Führungskraft selbst durch ihre Selbsteinschätzung.

In Zeiten von Umstrukturierung und Personalabbau ist die Atmosphäre im Unternehmen nicht für das Instrument des 360-Grad-Feedbacks geeignet. Führungskräfte werden z.B. nicht bereit sein, objektive Einschätzungen über ihre Leistungen abzugeben und auch die Mitarbeiter könnten aufgrund von Unsicherheit verzerrte Feedbacks geben. Generell gilt, dass den teilnehmenden Feedback-Gebern Datenschutz und Anonymität gewährt werden müssen.

Beispiel: Schwächen in der Kommunikation

Bei einem 360-Grad-Feedback sind erhebliche Schwachstellen im Kommunikationsverhalten einer Führungskraft aufgedeckt worden. Als Konsequenz sollte die Führungskraft ihr Verhalten verbessern. Um zu beobachten, ob eine Verhaltensänderung tatsächlich eintritt, wurde bereits beim ersten 360-Grad-Feedback ein neuer Termin nach acht Wochen vereinbart. Das Festsetzen des neuen Termins ermöglicht die schnelle Erfolgskontrolle. Erst so kann überprüft werden, ob die Entwicklungsmaßnahmen erfolgreich waren.

Personalentwicklung nach Maß – individueller Entwicklungsplan

Grundlage für den individuellen Entwicklungsplan ist der konkrete Weiterbildungsbedarf des jeweiligen Mitarbeiters. Dabei können die Wünsche und Vorschläge des Mitarbeiters berücksichtigt werden, denn auf diese Weise wird der Lernerfolg gesteigert. Durch einen individuellen Entwicklungsplan haben sowohl Unternehmen als auch Mitarbeiter Klarheit darüber, welche Qualifizierungsmaßnahmen künftig anstehen, welchem Zweck sie dienen und wie sie miteinander verbunden sind.

Der Plan kann sich aus allen denkbaren Weiterbildungsmaßnahmen zusammensetzen. Mögliche Maßnahmen könnten sein:

- Übernahme zusätzlicher Aufgaben,
- externe Seminare oder Trainings und
- selbst organisiertes Lernen.

Es bietet sich an, dass der PE-Verantwortliche und der Mitarbeiter den Entwicklungsplan gemeinsam festlegen. Das gemeinsame Erarbeiten eines Qualifizierungspakets für eine längere Dauer wird vom Mitarbeiter nicht nur als Ausdruck der Wertschätzung empfunden. Es ist auch ein Instrument der Karriereentwicklung. Die Nachfolgeplanung kann mithilfe des Entwicklungsplans auch mittel- oder langfristig erfolgen. So können die Potenziale des Mitarbeiters bestmöglich ausgeschöpft werden.

Motivationsförderung – eine zentrale Führungsaufgabe

Leistungsanreize spielen für die Motivation der Mitarbeiter eine große Rolle. Wenn es darum geht, besondere Leistungen zu belohnen, haben die Führungskräfte eine hohe Verantwortung, da sie Leistungsanreize gerecht und transparent geben müssen.

Leistungsanreize können auf zwei Hauptebenen ansetzen, die maßgeblichen Einfluss auf den Mitarbeiter haben.

- Auf der materiellen Ebene stehen Arbeitsplatzbedingungen wie Sauberkeit, Ordnung oder Ausstattung im Mittelpunkt.
- Auf der psychischen Ebene wird der Mitarbeiter eher von der Sinnhaftigkeit der Arbeit, vom Führungsstil des Vorgesetzten, dem Verhalten im Team oder der Unternehmenskultur beeinflusst.

Die Führungskraft spielt eine zentrale motivationsbeeinflussende Rolle. Zum einen kann sie über die Gestaltung der Arbeitsumgebung für ein besseres Leistungsumfeld sorgen. Zum anderen kann sie durch den Einsatz von zielführenden Instrumenten wichtige Impulse zur Leistungssteigerung setzten. In der Funktion als Impulsgeber ist es ihr Auftrag, das Leistungsverhalten des Mitarbeiters mit verschiedenen Mitteln zu steuern. So können unter anderem regelmäßige Ziel- oder Feedback-Gespräche, Anerkennung, Lob oder Prämien zu mehr Motivation beim Mitarbeiter führen.

Lernformen – die richtigen Maßnahmen auswählen

Personalentwicklungsmaßnahmen lassen sich nach verschiedenen Kriterien differenzieren: Es wird zwischen Maßnahmen on-the-Job und off-the-Job sowie zwischen Präsenzmaßnahmen und Fernbildungsmaßnahmen unterschieden.

On-/off-the-Job

Maßnahmen **on-the-Job** sind schrittweise Veränderungen der Aufgaben des Mitarbeiters. Der Mitarbeiter lernt dabei an seinem Arbeitsplatz und wird von seinen Kollegen oder Vorgesetzten unterstützt. Diese Maßnahmen werden eingesetzt, wenn sich die Aufgabeninhalte verändert haben oder sich das Aufgabenspektrum erweitert hat. Je nach Position des Mitarbeiters im Berufszyklus wird zwischen folgenden Maßnahmen unterschieden:

- Into-the-Job: Diese Entwicklungsmaßnahme umfasst z. B. die Ausbildung und Einarbeitung von Mitarbeitern. Hierzu zählen auch Einführungsveranstaltungen und Volontariate.

- On-the-Job: z. B. Job Enrichment, Job Enlargement und Job Rotation.

- Near-the-Job: Diese Entwicklungsmaßnahmen stehen in einer zeitlichen, räumlichen und inhaltlichen Nähe zum Arbeitsplatz wie z. B. Qualitätszirkel.

- Out-of-the-Job: Entwicklungsmaßnahmen, die den Arbeitnehmer auf den Ruhestand vorbereiten oder bei der Suche nach einem neuen Arbeitsplatz helfen.

Maßnahmen **off-the-Job** finden im Anschluss an die Erstausbildung statt und begleiten häufig die Berufstätigkeit. Solche Maßnahmen müssen sich nicht auf die aktuelle Tätigkeit beziehen. Beispiele sind externe Seminare und Workshops, in denen fachliche oder verhaltensbezogene Fähigkeiten und Fertigkeiten vermittelt werden.

Präsenz- und Fernbildungsmaßnahmen

Präsenzmaßnahmen zeichnen sich durch einen direkten Kontakt zwischen Lehrenden und Lernenden aus. Der Trainer vermittelt die Inhalte von Angesicht zu Angesicht, motiviert die Lernenden und kontrolliert den Lernfortschritt.

Bei Fernbildungsmaßnahmen kommt es nicht zu einem direkten Kontakt zwischen Trainer und Mitarbeiter. Dokumente, Aufgaben und Tests werden per Post oder E-Mail an die Teilnehmer versandt. Die Vorteile dieser Personalentwicklungsmaßnahme sind ihre zeitliche und räumliche Flexibilität. Fernbildungsmaßnahmen eignen sich, wenn der Qualifikationsgrad oder die Auffassungsgabe der Teilnehmer unterschiedlich sind. Hier kann jeder Mitarbeiter individuell seine Lerngeschwindigkeit wählen und die Intensität der einzelnen Lerninhalte selber bestimmen.

E-Learning und Blended Learning

Man unterscheidet beim E-Learning zwischen dem Computer Based Training (CBT) und dem Web Based Training (WBT). Das CBT ist rein computergestützt, hier lernt der Mitarbeiter online ohne Kontakt zu anderen Lernenden oder einem Tele-Tutor. Beim WBT steht der Lernende in virtuellem Kontakt zu anderen Lernenden und dem Trainer. Den Lernenden stehen Lernmaterial und Übungen im Internet zur Verfügung und es wird online gelernt.

Zwischen diesen beiden Kategorien gibt es zahlreiche Mischformen wie das webbasierte Lernen mit tutorieller Unterstützung, das Blended Learning. Beim Blended Learning wird das Online-Lernen in CBT-Lernstudios durch externe Seminare ergänzt.

Checkliste: Welche Grundregeln sollten Sie beim Einsatz von E-Learning beachten?

- Ist die Lernplattform benutzerfreundlich?
- Ist die Software einfach zu bedienen und übersichtlich?
- Kann der Lernende seine Erfolge selbst kontrollieren?
- Lässt sich die Software mit anderen Datenverarbeitungssystemen im Unternehmen verknüpfen?
- Sind die Inhalte leicht zu verändern oder zu ergänzen?
- Kann das Unternehmen eigene Inhalte in das System einstellen?
- Ist die Zahl der Nutzer variierbar?

Job Enrichment und Job Enlargement

Personalentwicklung umfasst auch Formen der Arbeitsumgestaltung wie das Job Enrichment und das Job Enlargement. Sie werden als Lernformen on-the-Job bezeichnet.

Beim Job Enrichment bereichert man Entscheidungs- und/oder Kontrollspielräume des Beschäftigten. Dabei erhält der Arbeitnehmer zusätzliche Entscheidungskompetenzen, die sein Arbeitsumfeld vergrößern, oder er erhält neue Vollmachten oder Kompetenzen, die einzelne seiner Aufgaben erweitern.

Beim Job Enlargement wird der Tätigkeitsspielraum erweitert z.B. indem gleichartige Tätigkeiten mehrerer Arbeitsplätze zusammengefasst werden. Dabei kann der Beschäftigte dauerhaft neue Projekt- oder Sonderaufgaben verantworten, Aufgaben aus anderen Organisationseinheiten bearbeiten oder es werden Aufgabenbereiche der einzelnen Abteilungen neu strukturiert.

Mit Entwicklungsprogrammen den Mitarbeitern Perspektiven geben

Programme zur persönlichen Weiterentwicklung sind ein wichtiges Instrument der Personalentwicklung. Dabei handelt es sich nicht um eine Einzelmaßnahme, sondern um eine Reihe aufeinander aufbauender Maßnahmen, die im Sinne der Zielsetzung zusammengehören.

Die Maßnahmen sind methodisch vielfältig, von Workshops über Projektarbeiten bis hin zu Hospitationen. Die Dauer hängt stark von der Zielsetzung ab und beträgt in der Regel 0,5 bis 2 Jahre. Die Programme laufen dabei berufsbegleitend und damit unterscheiden sie sich damit von Vollzeitausbildungen oder Management-Crashkursen.

Laufbahnmodelle

Bei Laufbahnmodellen geht es um die individuelle Entwicklung von Mitarbeitern im Rahmen ihrer beruflichen und betrieblichen Laufbahn. Aus Sicht des Unternehmens stehen die Gestaltung der Laufbahnwege, die Sicherung des Nachwuchses an qualifizierten Fach- und Führungskräften sowie die Nachfolgeplanung im Vordergrund.

Für die Förderung und Weiterentwicklung seiner Mitarbeiter ist der Vorgesetzte verantwortlich. Darüber hinaus bewertet er deren Leistung. Die Führungskraft sollte die persönlichen Entwicklungsmöglichkeiten und Stärken ihrer Mitarbeiter kennen und deren Weiterentwicklung ermöglichen. Dafür muss ein detailliertes Wissen über die einzelnen Laufbahnen vorhanden sein. Die Führungskraft sollte bereits bei der Erstellung von Laufbahnmodellen eingebunden werden, um genau die Anforderungen und Voraussetzungen für diese Karrierewege zu kennen.

Im Idealfall werden Laufbahnmodelle gemeinsam von einer zentralen PE-Abteilung und der jeweils betroffenen Führungskraft entwickelt. Die operative Umsetzung wie die Beurteilung, die Vereinbarung von Schulungsmaßnahmen oder

Vorschläge für Beförderungen sollten von der Führungskraft durchgeführt werden.

Incentive-Programme

Unternehmen können Incentive-Programme anbieten, um die Mitarbeiter zu besonderen Leistungen anzuspornen. Incentives können dabei sein:

- Geldprämien,
- Sachprämien,
- Events und Reisen,
- besondere Schulungen oder Weiterbildungsmaßnahmen,
- Teilnahme an Kongressen,
- Lernen als Arbeitszeit anrechnen oder
- Sonderurlaub.

Incentive-Programme motivieren, fördern den Teamgeist und schaffen eine höhere Identifikation mit dem Unternehmen. Unternehmen sollten dabei unbedingt Incentives wählen, die zu den Mitarbeitern passen.

Beispiel: Ein falsch gewähltes Incentive

Eine Unternehmensberatung möchte ein Incentive etablieren. Die Mitarbeiter sollen ein iPad erhalten. Aber die Mitarbeiter haben keinen Bedarf, sodass die Sachprämie nicht den gewünschten Effekt erzielt. Vielmehr fühlen sich die Mitarbeiter missverstanden und hätten durchweg eine Geldprämie bevorzugt.

Mit Talentmanagement in die Zukunft investieren

Durch ein Talentmanagement stellen Unternehmen sicher, dass die für den Geschäftserfolg kritischen Schlüsselpositionen mit den richtigen Mitarbeitern besetzt sind. Im Gegensatz zum Entwicklungsprogramm steht hier nicht der einzelne Mitarbeiter, sondern die gesamte Workforce im Fokus.

Das Talentmanagement muss auf die Bedarfe des jeweiligen Unternehmens abgestimmt sein. Es gilt also zu klären, welche Talente das Unternehmen benötigt. Wichtig ist es dann für ein Unternehmen, transparent zu machen, was unter Talenten verstanden wird und welche Kriterien zur Nominierung angelegt werden. Zudem ist es wichtig, Maßnahmen für eine individualisierte und vielfältige Talentförderung zu entwickeln und umzusetzen.

Der Talentmanagement-Prozess lässt sich grob in die Schritte Talente identifizieren, diagnostizieren, rekrutieren, fördern und binden untergliedern (siehe folgende Abbildung). Dabei obliegt es jedem Unternehmen, diese Schritte individuell auszugestalten. Talentmanagement greift sowohl extern als auch intern.

- Extern geht es um die Zielgruppen am Arbeitsmarkt und um das Identifizieren von Talenten.
- Zur internen Talentrekrutierung können z. B. Mitarbeitergespräche oder Personalbeurteilungen herangezogen werden.

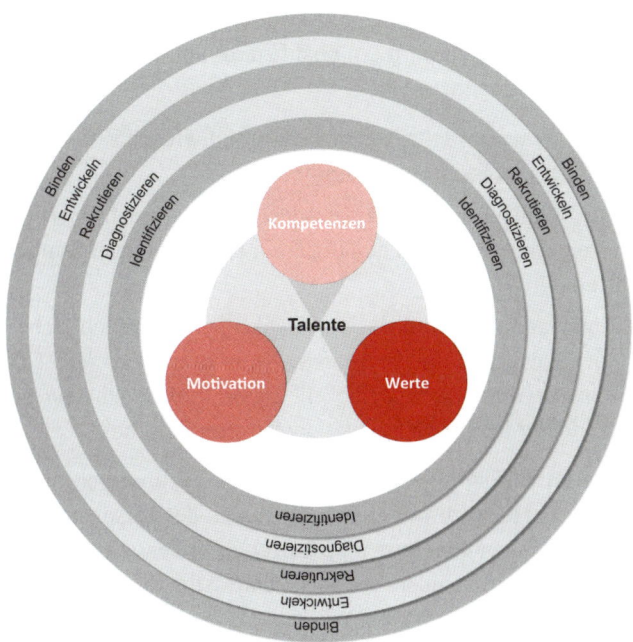

Der Regelkreis des Talentmanagements

Modernes Talentmanagement

In den letzten Jahren hat der Begriff Talentmanagement zunehmend an Bedeutung und Größe gewonnen. Er bezeichnet mittlerweile die Gesamtheit personalpolitischer Maßnahmen in einem Unternehmen, um die quantitative und qualitative Zusammensetzung der Workforce langfristig sicherzustellen. Es reagiert damit auf veränderte Bedingungen in den globalen Märkten, die insgesamt zu einem schärfer werdenden Wettbewerb um qualifizierte und talentierte Mitarbeiter beitragen:

- Der demografische Wandel führt zunehmend zu einem Mangel an Fach- und Führungskräften.

- Der Wandel hin zur Wissensgesellschaft weckt einen gesteigerten Bedarf an qualifizierten und kreativen Mitarbeitern.

- Innovation und Innovationsfähigkeit entwickelten sich in den westlichen Industrieländern zum entscheidenden Faktor für Wettbewerbsfähigkeit. Damit einher geht ein besonderer Bedarf an innovationsfähigem Personal.

Diese Entwicklung zwingt Unternehmen dazu, sowohl durch aktive, wettbewerbsorientierte Methoden der Personalgewinnung und -bindung neue Mitarbeiter zu finden, zu gewinnen und an sich zu binden als auch langfristig talentierte Mitarbeiter systematisch zu entwickeln.

Work-Life-Balance

Ein lebensadäquater Ausgleich zwischen beruflichen Anforderungen und privaten Vorhaben rückt bei vielen Beschäftigten immer mehr in den Mittelpunkt ihres Interesses. Und den Unternehmen stehen inzwischen zahlreiche personalpolitische Instrumente zur Verfügung, um dieses Interesse zu bedienen.

In diesem Kapitel lesen Sie,

- welche Ziele Beschäftigte und Unternehmen mit Maßnahmen zur Work-Life-Balance verbinden,
- wie die Vereinbarkeit von Familie und Beruf gefördert werden kann,
- welche Rolle die Gesundheit spielt und
- welche gesetzlichen Regelungen beachtet werden müssen.

Ziele der Work-Life-Balance

Der Wunsch nach einem ausgeglichenen Verhältnis zwischen Arbeit und Privatleben (Work-Life-Balance) ist im Zusammenhang mit veränderten Geschlechterrollen und demografischer Entwicklung in Europa seit mehreren Jahrzehnten präsent. Doch obwohl es sich um ein etabliertes gesellschaftliches Thema handelt, gibt es keine einheitliche Begriffsdefinition.

> Das Bundesministerium für Familie, Senioren, Frauen und Jugend definiert den Begriff wie folgt: „Work-Life-Balance bedeutet eine neue, intelligente Verzahnung von Arbeits- und Privatleben vor dem Hintergrund einer veränderten und sich dynamisch verändernden Arbeits- und Lebenswelt."

Ziel der Work-Life-Balance (WLB) ist es somit, die privaten Interessen mit den Anforderungen der Arbeitswelt in ein ausgewogenes und gesundes Verhältnis zu bringen. Damit kann sich die Balance nicht nur auf eine Unterteilung in Arbeit auf der einen Seite und das restliche Leben auf der anderen Seite beschränken. Denn auch Gesundheitsverhalten, der Sinn für Werte, soziale Kontakte und Aktivitäten, stabile Finanzen, Hobbys und noch viele weitere Faktoren sorgen für eine ausgewogene Balance im Leben. Es kann daher individuell sehr verschieden sein, wie der Ausgleich zwischen beruflichen und privaten Interessen in sämtlichen Lebensbereichen gewichtet wird.

Die verschiedenen Lebensbereiche („life domains") sind ausbalanciert, wenn sie sich nicht nur gegenseitig nicht behindern („life-domains conflict"), sondern sich idealerweise gegenseitig unterstützen („life-domains facilitation"). Wie diese

Balance genau hergestellt wird, ist offen. Geschehen könnte dies z. B. durch

- eine gleichzeitige oder nachgelagerte Verteilung der eingesetzten Zeit,

- ein subjektiv ausgewogenes, aber nicht zeitlich definiertes Verhältnis der verschiedenen Lebensbereiche oder auch

- deren weitgehend konfliktfreies Nebeneinander.

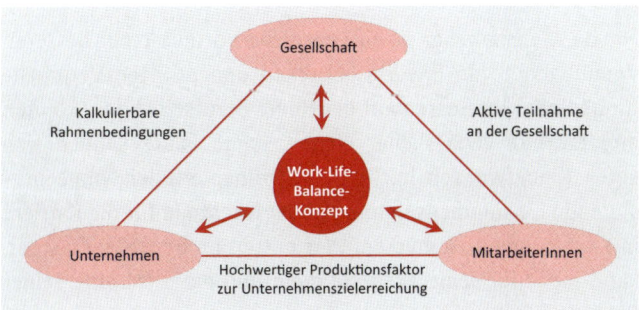

Work-Life-Balance-Konzepte: Vorteile aus Sicht der Beteiligten (Quelle: Bundesministerium für Familie, Senioren, Frauen und Jugend)

Was sich Mitarbeiter wünschen – individuelle WLB-Ziele

Arbeits- und Privatleben auszugleichen, hat für den Einzelnen je nach Lebensalter und -situation andere Schwerpunkte.

- Ein großer Teil der Erwerbstätigen möchte Zeit mit den eigenen Kindern verbringen oder hat sich die Aufgabe gestellt, pflegebedürftige Angehörige zu betreuen.

- Für andere Personen steht im Vordergrund, berufliche Anforderungen durch Freizeit und Sport auszugleichen.

- Wieder andere möchten sich im sozialen, kulturellen oder politischen Bereich engagieren oder ein Sabbatical als längere berufliche Auszeit nehmen.

- Auch Arbeitszeitverringerung in Familienphasen oder gegen Ende des Berufslebens sowie Zeit für die Gesundheit sind mögliche Ziele.

Für diese Personengruppen liegen die Vorteile einer besseren Vereinbarkeit von Erwerbswünschen und privaten Verpflichtungen oder Interessen auf der Hand. Berufseinsteiger können ihre Karriere verlässlicher planen, junge Paare können sich einen Kinderwunsch leichter und früher erfüllen, ohne gravierende Einkommenseinbußen oder Nachteile für die Karriere in Kauf nehmen zu müssen. Wer mitten im Berufsleben steht, kann mehr für seine Weiterbildung und die Sicherung seiner Beschäftigungsfähigkeit tun. Ältere müssen weniger fürchten, dass ihre Arbeitskraft vorzeitig entwertet wird, Frauen haben größere Chancen, ihre ökonomische Unabhängigkeit zu behaupten.

Beispiel: Teilzeitarbeitsmodelle bei der Daimler AG

Bei der Daimler AG kann Teilzeitarbeit unter Wahrung der betrieblichen und persönlichen Interessen individuell in allen Gestaltungsmöglichkeiten umgesetzt werden: als Stundenreduzierung an fünf Arbeitstagen in der Woche, als Jahresarbeitszeit, Arbeit auf Abruf, Flexipools, in Kombination mit alternierender Telearbeit oder auch als Blockmodell im Wochenintervall. In vielen Bereichen gewährleistet die Einrichtung komplementärer Teilzeitarbeitsplätze erst die notwendige Betriebszeit: Fachinformation, Telefonzentrale, Hotlines, Einkauf und Vertrieb müssen vor dem Hintergrund zeitzonenübergreifender Zusammenarbeit rund um die Uhr erreichbar sein. Aus den Erfahrungen der Personalbereiche unterscheiden sich die Motive für die Inanspruchnahme: Bei den männlichen Beschäftigten sind Weiterqualifizierung oder eine zweite berufliche Tätigkeit die Hauptmotive, bei den weiblichen Beschäftigten ist nach wie vor Teilzeit das wichtigste Instrument, um Beruf und Familie in Einklang zu bringen.

Zwischen der Babyboomer-Generation, der Generation X und der Generation Y werden dabei deutliche Unterschiede in der Einstellung zur Work-Life-Balance beobachtet. Vereinfachend ausgedrückt handelt es sich für Babyboomer um einen Balanceakt zwischen Beruf und Familie, für die Generation X hingegen sind abwechselnde Phasen von Erwerbstätigkeit und Phasen der Kindererziehung oder außerberuflicher Tätigkeiten typisch. Angehörige der Generation Y legen weniger Wert auf eine strikte Trennung von Erwerbstätigkeit und Privatleben und zielen vor allem darauf, die eigene Zeit sinnvoll und nützlich einzusetzen.

Unternehmensziele der Work-Life-Balance

Für die Personalpolitik von Unternehmen kann eine Ausrichtung auf die Work-Life-Balance eine Wettbewerbsvorteil auf dem Arbeitsmarkt sein. Zufriedenere, leistungsfähigere Mitarbeiter, geringere Abwesenheitszeiten und Fluktuation, ein verbessertes Image in der Öffentlichkeit und positive Bewertungen in umfassenden Rating-Verfahren stehen auf der Habenseite der Unternehmen. Hierdurch wird nicht nur die Grundlage für verbesserte Kundenbeziehungen geschaffen, die Beschäftigten identifizieren sich zudem wesentlich stärker mit dem Unternehmen. Die Position im Wettbewerb um qualifizierte Fachkräfte verbessert sich damit deutlich. Ein weiteres sehr bedeutsames Ziel ist die Gesunderhaltung der Beschäftigten. Dieses Ziel rückt durch die demografische Entwicklung und den damit verbundenen Alterungsprozess der Belegschaften zunehmend in den Fokus der Unternehmen.

Rolle des Managements – mit gutem Beispiel vorangehen

Der Unternehmenskultur, vor allem aber auch den Vorgesetzten, kommt bezüglich der Work-Life-Balance eine wesentliche Rolle zu. Sie müssen einerseits auf einen sowohl gesundheitsdienlichen wie auch anforderungsgerechten Arbeitseinsatz ihrer Mitarbeiter achten. Zum anderen sind sie Vorbilder, deren eigenes Verhalten einen wesentlichen Anstoß für einen Wandel der Unternehmenskultur geben kann.

Wenn Vorgesetzte sich auf klare und eindeutige Weise für die eigene Work-Life-Balance und die der Mitarbeiter einsetzen, ist es für ihre Mitarbeiter leichter, selbst Flexibilisierungsangebote des Unternehmens zu nutzen, ohne dadurch Karrierenachteile zu befürchten. WLB-Maßnahmen sind daher immer gemeinsam mit den Führungsebenen im Unternehmen anzugehen.

Work-Life-Balance in der Praxis – geeignete Maßnahmen

Eine gelungene Balance zwischen Arbeit und Privatleben geht heute über die Vereinbarkeit von Familie und Beruf hinaus. Sie umfasst gesundheitliche Präventionsmaßnahmen ebenso wie den Betriebskindergarten, individuelle Arbeitszeitregelungen, Seminare zum Selbst- oder Konfliktmanagement, systemisches Coaching und Telearbeit.

Flexibilität durch Arbeitszeitmanagement

Durch Modelle der Arbeitsorganisation wie Telearbeit und Arbeitszeitflexibilisierung können Wünsche der Mitarbeiter nach größerer Orts- und Zeitsouveränität im Rahmen eines modernen Personalmanagements realisiert werden (siehe auch Kapitel „Arbeitszeitmanagement"). Diese Modelle erlauben eine bessere Anpassung der Arbeitszeit an persönliche Wünsche und Anforderungen und können somit zu einer besseren Vereinbarkeit von Familie und Beruf beitragen.

Dem Flexibilisierungsinteresse der Arbeitnehmer steht das Interesse von Arbeitgebern nach flexiblen, auftrags- und serviceorientierten Arbeitszeiten der Beschäftigten gegenüber. Die technische Entwicklung und die zunehmende Kapitalausstattung der Arbeitsplätze erfordert, Betriebszeiten von den in der Regel kürzeren Arbeitszeiten zu entkoppeln. Die Betriebszeiten der immer teureren Arbeitsplätze sollten also länger sein als die Arbeitszeiten der Beschäftigten. Flexible Arbeitszeiten erlauben in diesem Fall eine gleichmäßigere Auslastung technischer Installationen im Schichtbetrieb.

Hinsichtlich der Flexibilisierung der Arbeitszeit eröffnet das Arbeitszeitgesetz (ArbZG) gegenüber der früheren Arbeitszeitordnung (AZO) deutliche Spielräume. Ziel des Arbeitszeitgesetzes ist nämlich nicht nur „die Sicherheit und den Gesundheitsschutz der Arbeitnehmer bei der Arbeitszeitgestaltung zu gewährleisten" sondern auch „die Rahmenbedingungen für flexible Arbeitszeiten zu verbessern" (§ 1 ArbZG).

In großen Unternehmen bestehen vielfach zahlreiche Lösungen nebeneinander. So sind dort durchaus mehrere hundert Arbeitszeit- und Schichtmodelle anzutreffen.

Dazu zählen neben der klassischen Teilzeitarbeit vor allem die Gleitzeitarbeit, das Jobsharing, die Abrufarbeit sowie die kapazitätsabhängig kurzfristig wechselnde Arbeitszeit, die Vertrauensarbeitszeit und die selbstbestimmte Arbeitszeit. Abweichungen von der Regelarbeitszeit eines vollbeschäftigten Mitarbeiters werden häufig über ein Arbeitszeitkonto geregelt, in dem geleistete und geschuldete Arbeitszeiten erfasst und Ausgleichszeiträume festgelegt werden. Entsprechende Absprachen über die Arbeitszeit werden entweder individuell im Arbeitsvertrag oder durch kollektive Regelungen (Tarifvertrag, Betriebsvereinbarung) getroffen (siehe Kapitel „Arbeitszeitmanagement").

Förderung der Familie

Einer besseren Vereinbarkeit von Familie und Beruf dienen insbesondere betriebliche oder betriebsnah organisierte Angebote zur Kinderbetreuung, etwa Betriebskinderkrippen oder -kindergärten. Das können Einrichtungen sein, die durch den Betrieb selbst getragen werden, oder auch öffentliche Einrichtungen, deren Träger mit dem jeweiligen Unternehmen kooperieren und ihm Belegplätze vorhalten.

Beispiel: Flexible Kinderbetreuung bei der Commerzbank

> Als erstes deutsches Unternehmen startete die Commerzbank 1999 gemeinsam mit dem Familienservice eine spontane und kostenlose Kinderbetreuung auf betrieblicher Ebene, die Eltern in Ausnahmefällen auf unkomplizierte Weise unterstützt. Wenn die Tagesmutter krank ist, der Kindergarten nicht öffnen kann, keine geeignete Ferienbetreuung angeboten wird oder Mitarbeiter unvorhergesehene Kundentermine übernehmen: Bei Kids & Co. finden Kinder zwischen 0 und 12 Jahren die passende Betreuung. Dieser Service wird von 7.00 Uhr bis 19.00 Uhr, nach Absprache auch zu früheren oder späteren Zeiten sowie am Wochenende angeboten. Die Kinder werden nach Bedarf stunden- oder tageweise, in Ausnahmefällen auch wochenweise betreut. Kids & Co. ist Teil eines Bausteinsystems. Commerzbank-Eltern erhalten u.a. Zuschüsse zu den Kinderbetreuungskosten sowie für sie kostenfreie Beratungs- und Vermittlungsleistungen rund um die Kinderbetreuung. Sie werden bei der Pflege schwerer erkrankter Kinder unterstützt. Kids & Co. wurde kürzlich um eine Kindertagesstätte mit 80 Plätzen in Frankfurt erweitert, die regelmäßige Betreuung anbietet. Die Öffnungszeiten sind weit gefasst und sehr flexibel, darüber hinaus können bei Bedarf Teilzeitplätze gebucht werden.

Einer Umfrage des Industrie- und Handelskammertages aus dem Jahr 2013 zufolge ist es in der Hälfte der Unternehmen bereits üblich oder geplant, Mitarbeiter bei der Kinderbetreuung zu unterstützen, und zwar zumindest in Form von Zuschüssen; im Jahr 2007 traf dies nur auf ein Viertel der Unternehmen zu. Eine betriebliche Kinderbetreuung ist dabei bei jedem dritten Unternehmen mit mehr als zwanzig Beschäftigten vorhanden oder geplant.

Auch die Unterstützung der Mitarbeiter bei der Betreuung Pflegebedürftiger gehört in den Bereich der Familienförderung. Neben den gesetzlich geregelten Freistellungen zur Pflege gemäß § 3 Pflegezeitgesetz können (PflZG) können Arbeitnehmer und Arbeitgeber auf Basis des Gesetzes zur Vereinbarkeit von Pflege und Beruf (FPfZG) einen Vertrag zur Familienpflegezeit abschließen.

> Der Arbeitgeber ist nicht verpflichtet, einen derartigen Vertrag abzuschließen. Das bedeutet, dass der Arbeitnehmer aus dem Familienpflegezeitgesetz keinen Anspruch gegenüber dem Arbeitgeber hat, eine Familienpflegezeit eingerichtet zu bekommen.

Die Familienpflegezeit sieht vor, dass Beschäftigte ihre Arbeitszeit über einen Zeitraum von maximal zwei Jahren auf bis zu 15 Stunden reduzieren können, wenn sie einen pflegebedürftigen nahen Angehörigen in häuslicher Umgebung pflegen (§ 2 Abs. 1 FPfZG). Die Reduzierung wird auf einem Zeitkonto gesammelt. Der Arbeitgeber stockt in dieser Zeit das Arbeitsentgelt um die Hälfte der Differenz zwischen dem bisherigen Gehalt und dem sich durch die Arbeitszeitreduzierung ergebenden geringeren Gehalt auf. Nach Ablauf der Pflegephase muss der Beschäftigte dann so lange Vollzeit zum geringeren Gehalt arbeiten, bis die Differenz auf dem Zeitkonto wieder ausgeglichen ist.

Beispiel: Wahrnehmung der Familienpflegezeit

Ein Arbeitnehmer nimmt die Familienpflegezeit in Anspruch, um seine pflegebedürftige Mutter in seinem Haus zu versorgen. Er reduziert in der zweijährigen Pflegephase seine Arbeitszeit auf 50 Prozent, erhält aber weiterhin 75 Prozent des letzten Bruttoeinkommens. Zum Ausgleich muss er nach Ende der Pflegephase so lange Vollzeit arbeiten, bis das Zeitkonto wieder ausgeglichen ist, erhält aber in dieser Zeit weiterhin nur 75 Prozent des Bruttoeinkommens.

Gesundheitsmanagement

In den letzten Jahren ist die Erhaltung der Gesundheit, der Leistungsfähigkeit und der Motivation immer mehr in den Fokus betrieblicher Maßnahmen gerückt. Durch ein systematisches betriebliches Gesundheitsmanagement (BGM) sollen Arbeit, Organisation und Verhalten am Arbeitsplatz gesundheitsförderlich gestaltet werden (siehe auch Kapitel „Gesundheit und Vorsorge"). Ziel des BGM ist, die Belastungen der Beschäftigten einzugrenzen und deren persönliche Ressourcen zu stärken.

Maßnahmen des betrieblichen Gesundheitsmanagements konzentrieren sich auf den Arbeitsschutz, die Verringerung von Stress, gesundheitliche Prophylaxe, Suchtprävention und die Vermeidung von Burn-out. Auch Angebote zur ausgewogenen Ernährung, etwa in betriebseigenen Kantinen, und betrieblich geförderte Sportangebote zur Vorbeugung gegen Bewegungsmangel sind Bestandteil betrieblicher Gesundheitsvorsorge. Eine geeignete Maßnahme ist auch die Umstrukturierung von Arbeitsplätzen nach gesundheitsbewussten Aspekten.

Ein ganzheitlicher BGM-Ansatz sollte über die betriebliche Gesundheitsförderung auch eine Verbesserung der Führungskultur, Maßnahmen zur Vereinbarkeit von Privatleben und Beruf sowie Aufgaben der altersgerechten Arbeitsgestaltung berücksichtigen.

Gesetzliche Regelungen zur Work–Life–Balance

Gesetzliche Regelungen in Deutschland, mit denen eine Work-Life-Balance gefördert wird, lassen sich in folgenden Gesetzen und Verordnungen finden:

- Arbeitszeitgesetz (ArbZG),
- Arbeitsschutzgesetz (ArbSchG) – siehe Kapitel „Gesundheit und Vorsorge",
- Altersteilzeitgesetz (AltTZG) – siehe Kapitel „Gesundheit und Vorsorge",
- Arbeitsstättenverordnung (ArbStättV),
- Bildschirmarbeitsverordnung (BildscharbV),
- Betriebssicherheitsverordnung,
- Bundesurlaubsgesetz (BUrlG),
- Mutterschutzgesetz (MuSchG),
- Gesetz zum Elterngeld und zur Elternzeit (BEEG),
- Teilzeit- und Befristungsgesetz (TzBfG) – siehe Kapitel „Personalkosten",
- Familienpflegezeitgesetz (FPfZG) und
- Kündigungsschutzgesetz (KSchG) – siehe Kapitel „Personalplanung".

Arbeitszeitgesetz

Das Arbeitszeitgesetz (ArbZG) begrenzt die höchstzulässige tägliche Arbeitszeit, setzt Mindestruhepausen sowie die Arbeitsruhe an Sonn- und Feiertagen fest. Zudem enthält es Schutzvorschriften zur Nachtarbeit.

Zweck des Gesetzes ist es, die Sicherheit und den Gesundheitsschutz der Arbeitnehmer bei der Arbeitszeitgestaltung zu gewährleisten, die Rahmenbedingungen für flexible Arbeitszeiten zu verbessern sowie die Sonn- und staatlich anerkannten Feiertage als Tage der Arbeitsruhe zu schützen (§ 1 ArbZG). Es gilt grundsätzlich für alle Arbeitnehmer und Auszubildenden.

Nach der Grundregelung in § 3 ArbZG darf die werktägliche Arbeitszeit der Arbeitnehmer acht Stunden nicht überschreiten. Sie kann auf bis zu zehn Stunden nur verlängert werden, wenn innerhalb von sechs Kalendermonaten oder innerhalb von 24 Wochen im Durchschnitt acht Stunden werktäglich nicht überschritten werden. Dieser allgemeine Rahmen kann durch schriftliche Vereinbarungen zwischen den Tarifparteien (Tarifvertrag, Betriebsvereinbarung) oder Ausnahmegenehmigungen der zuständigen Behörde im Rahmen des Gesetzes erweitert werden.

Bundesurlaubsgesetz

Mit dem Bundesurlaubsgesetz wird der jährliche Erholungsurlaub für Arbeitnehmer (§ 2 BurlG) geregelt. Es ergänzt als Mindestregelung die bestehenden vielfältigen Einzelabsprachen zwischen den Tarifparteien für jede Branche und jedes Land. Der Mindesturlaubsanspruch beträgt 24 Werktage. Der gesetzliche Mindesturlaub muss als Freizeit genommen werden und darf nicht ausbezahlt werden (§ 8 BurlG). Minderjährige Arbeitnehmer haben nach § 19 des Jugendarbeitsschutzgesetzes einen Urlaubsanspruch zwischen 25 und 30 Werktagen (altersabhängig).

Das während des Urlaubs zu zahlende Entgelt bemisst sich nach dem durchschnittlichen Arbeitsverdienst, den der Arbeitnehmer in den letzten dreizehn Wochen vor dem Beginn des Urlaubs erhalten hat, mit Ausnahme des zusätzlich für Überstunden gezahlten Arbeitsverdienstes.

Mutterschutzgesetz

Das Mutterschutzgesetz (MuSchG) sieht zahlreiche Schutzrechte für Frauen während der Schwangerschaft und nach der Entbindung vor, die dem Arbeitgeber zusätzliche Pflichten bei der Beschäftigung, beim konkreten Arbeitseinsatz und der Gestaltung des Arbeitsplatzes auferlegen.

> Während der Schwangerschaft und bis zum Ablauf von vier Monaten nach der Entbindung ist die Kündigung durch den Arbeitgeber unzulässig (§ 9 MuSchG).

Das Kündigungsverbot beginnt 280 Tage vor dem ärztlich errechneten Entbindungstermin. Die Arbeitnehmerin hingegen kann ihr Arbeitsverhältnis fristgerecht oder fristlos kündigen. Eines Kündigungsgrundes bedarf es nicht.

Für einen bestimmten Zeitraum vor und nach der Geburt dürfen Frauen generell nicht beschäftigt werden. Diese Mutterschutzfrist beginnt maximal sechs Wochen vor dem voraussichtlichen Entbindungstermin und endet acht Wochen nach der tatsächlichen Entbindung. Über diese Fristen hinaus bestehen für werdende und stillende Mütter allgemeine und individuelle Beschäftigungsverbote (§§ 3, 4, 6 bis 8 MuSchG). Sie können sich auf bestimmte Tätigkeiten, aber auch auf die Beschäftigung insgesamt beziehen und sollen die Schwangere, die Mutter und das Kind vor und nach der Geburt vor Gefahren am Arbeitsplatz und vor Gesundheitsgefährdungen schützen.

Auch die Entgeltfortzahlung bei Schwangerschaft und nach der Geburt wird durch das Mutterschutzgesetz geregelt. Während der Mutterschutzfristen erhalten die Frauen ein Mutterschaftsgeld von ihrer Krankenkasse sowie einen Zuschuss des Arbeitgebers. Es beträgt bis zu 13 Euro/Tag; die Differenz zum durchschnittlichen Nettolohn der letzten 13 Wochen vor Beginn der Schutzfrist (ohne Einmalzahlungen) zahlt der Arbeitgeber. Diese Differenz stellt insoweit einen gesetzlich begründeten arbeitsvertraglichen Anspruch dar.

Außerhalb dieser Fristen hat der Arbeitgeber bei bestehenden Beschäftigungsverboten nach Maßgabe des § 11 MuSchG das analog berechnete Arbeitsentgelt (durchschnittlicher Nettolohn der letzten 13 Wochen vor Eintritt der Schwangerschaft) als Mutterschaftslohn fortzuzahlen. Das fortgezahlte Entgelt ist Arbeitsentgelt trotz fehlender Arbeitsleistung. Wenn das

Arbeitsverhältnis während der Schwangerschaft zulässigerweise aufgelöst wird, tritt das Bundesversicherungsamt für den Arbeitgeber ein und übernimmt entsprechend den Arbeitgeberzuschuss.

Elterngeld- und Elternzeit-Gesetz

Unter bestimmten Voraussetzungen können Arbeitnehmer im Anschluss an die Mutterschutzfrist (bzw. Väter ab der Geburt) bis zur Vollendung des dritten Lebensjahres des Kindes Elternzeit nehmen. Sie kann von der Mutter oder dem Vater allein oder abwechselnd, aber auch von beiden Eltern ganz oder zeitweise gemeinsam genommen werden. Jeder Elternteil kann seine Elternzeit in zwei (mit Zustimmung des Arbeitgebers auch mehr) Abschnitte aufteilen, die auch durch Zeiten einer vollen Erwerbstätigkeit unterbrochen sein können.

> Auch befristet Beschäftigte haben einen Anspruch auf Elternzeit (§ 15 BEEG). Befristete Verträge verlängern sich durch die Elternzeit allerdings grundsätzlich nicht. Keinen Anspruch auf Elternzeit hingegen haben Selbstständige.

Die Elternzeit muss spätestens sieben Wochen vor ihrem Beginn beim Arbeitgeber schriftlich geltend gemacht werden, also in der Regel spätestens eine Woche nach der Entbindung. Mit dem Antrag muss verbindlich erklärt werden, für welche Zeiten und von wem bis zur Vollendung des zweiten Lebensjahres des Kindes Elternzeit genommen wird. Von dieser Erklärung darf nur noch mit Zustimmung des Arbeitgebers abgewichen werden.

Der Anspruch auf Elternzeit ist ein arbeitsrechtlicher Anspruch gegen den Arbeitgeber auf unbezahlte Freistellung von der Arbeit. Das Arbeitsverhältnis ruht während der Elternzeit, bleibt aber arbeitsrechtlich in seinem Bestand und mit allen Nebenpflichten auch für den Arbeitnehmer bestehen. Ähnlich wie während der Mutterschutzfristen vor und nach der Geburt gibt es während der Elternzeit ein Kündigungsverbot für den Arbeitgeber. Es gilt unabhängig davon, für welche Dauer die Elternzeit in Anspruch genommen wurde. Der Kündigungsschutz beginnt mit der Anmeldung der Elternzeit, frühestens jedoch acht Wochen vor deren Beginn (§ 18 Abs. 1 BEEG). Er endet mit dem Ende der Elternzeit.

Die finanzielle und zeitliche Förderung von berufstätigen Familien wird durch das Elterngeld geregelt. Es wird grundsätzlich für zwölf Monate, maximal für 14 Monate, für die ab dem 1. Januar 2007 geborenen oder mit dem Ziel der Adoption aufgenommenen Kinder gezahlt. Anspruch haben alle Mütter oder Väter mit Wohnsitz in Deutschland, die mit ihrem Kind in einem Haushalt leben, ihr Kind selbst betreuen und erziehen und nicht oder nicht mehr als 30 Wochenstunden arbeiten oder eine Beschäftigung zur Berufsbildung ausüben. Die Eltern können den Bezugszeitraum frei untereinander aufteilen; Alleinerziehende können die vollen 14 Monate Elterngeld in Anspruch nehmen.

Checkliste: Wie kann das Personalmanagement die Work-Life-Balance fördern?

- Werden im Betrieb systematisch Stressquellen ermittelt und reduziert?
- Wurde ein betriebliches Gesundheitsmanagement aufgesetzt?
- Werden private Gesundheitsaktivitäten der Mitarbeiter unterstützt?
- Gibt es ein betriebliches Eingliederungsmanagement?
- Werden flexible Arbeitszeiten angeboten?
- Wird eine räumliche Flexibilität durch Arbeit im Homeoffice praktiziert?
- Gibt es Kinderbetreuungsangebote für Väter und Mütter nach der Elternzeit?
- Werden gesetzliche Regelungen zur Work-Life-Balance engmaschig oder großzügig eingehalten?
- Werden individuelle Weiterbildungen angeboten?
- Werden die Mitarbeiter aktiv bei ihrem Bemühen unterstützt, Job und Familie zu vereinen?
- Gibt es Beratungsangebote zur Work-Life-Balance?
- Werden ältere Mitarbeiter auf den Arbeitsausstieg vorbereitet?

Gesundheit und Vorsorge

Die betriebliche Gesundheitsförderung zählt ebenso wie die betriebliche Altersvorsorge zu den Sozial- und Nebenleistungen. Ihre Ziele sind einmal die zusätzliche materielle Absicherung des Rentenalters, zum anderen die Verbesserung der Gesundheit am Arbeitsplatz. Dies geschieht sowohl durch eine gesundheitliche Gestaltung von Arbeitsorganisation, -abläufen und -umgebung als auch durch Anreize für ein gesundheitsbewusstes Verhalten der Beschäftigten.

In diesem Kapitel erfahren Sie,

- wie Sie zu Ihrem Betrieb passende gesundheitsfördernde Maßnahmen entwickeln und durchführen können,
- was der gesetzliche Arbeitsschutz vorschreibt und an welche Richtlinien Sie sich halten müssen und
- welche Modelle der Altersvorsorge es gibt.

Vorsorge ist besser als Nachsorge – Gesundheitsförderung

Gesundheitsförderung zielt darauf ab, allen Menschen ein höheres Maß an Selbstbestimmung über ihre Gesundheit zu ermöglichen und sie dadurch zur Stärkung ihrer Gesundheit zu befähigen. Seit 2008 bleiben Leistungen des Arbeitgebers zur Verbesserung des allgemeinen Gesundheitszustandes und der Betrieblichen Gesundheitsförderung bis zu 500 Euro pro Mitarbeiter und Jahr steuerfrei (§ 3 Nr. 34 EStG; § 52 Abs. 4c EStG). Seit 2009 sind diese Leistungen auch sozialversicherungsbeitragsfrei. Dadurch soll die Bereitschaft der Arbeitgeber erhöht werden, die Gesundheitsförderung im Betrieb zu stärken, damit mehr Beschäftigte von entsprechenden Maßnahmen profitieren können.

Gesundheitsschutz im Betrieb

Um gesundheitsförderliche Aktionen im Betrieb durchzuführen, muss zunächst der Istzustand und damit die Problemlage im Betrieb erfasst werden. Dies kann z. B. mittels Mitarbeiterbefragungen oder Analysen der Krankheitsstatistiken erfolgen.

Bei der Gesundheitsförderung geht es einmal darum, Gesundheitsgefahren zu vermeiden. Dies kann durch Prävention bzw. vorbeugendes Handeln erfolgen. Zum anderen geht es um die langfristige Gesunderhaltung der Beschäftigten. Dazu können entsprechende Programme aufgelegt, individuelle Aktivitäten der Beschäftigten gefördert und die Arbeitsplätze und -abläufe gesundheitsförderlich gestaltet werden.

Die Gesundheitsförderung kann von einem oder mehreren betriebsinternen oder auch externen Akteuren angegangen werden. Grundsätzlich gilt, dass jeder Betrieb ein individuelles Förderungsprogramm erarbeiten muss.

> Allgemeine Handlungsanleitungen zur Orientierung finden sich im Arbeitsschutzgesetz. Zur Vermeidung von Gesundheitsschäden fordert das Arbeitsschutzgesetz eine Gefährdungsbeurteilung. Sollten Belastungsfaktoren und somit mögliche Gefährdungen erkannt werden, müssen entsprechende Maßnahmen ergriffen werden.

Gesundheitsfördernde Maßnahmen

Die Arbeit sollte so gestaltet sein, dass eine Gefährdung für Leben und Gesundheit vermieden wird und das verbleibende Risiko so gering wie möglich ist. Hier müssen Arbeitgeber und Arbeitnehmer zusammenarbeiten. Zudem müssen Schutzmaßnahmen und Verhaltensregeln beachtet werden. Bei allen Maßnahmen gilt es, die Umstände des Arbeitsplatzes, der Arbeitssituation und des Betriebes zu berücksichtigen.

Daneben sollten die Maßnahmen ganzheitlich geplant sein. Sie sollten Technik, Arbeitsorganisation, sonstige Arbeitsbedingungen, soziale Beziehungen und den Einfluss der Umwelt auf den Arbeitsplatz sachgerecht verknüpfen. Gesundheitsfördernde Maßnahmen setzen zum einen beim Verhalten der Mitarbeiter und zum anderen bei den Arbeitsbedingungen an. Diese beiden Bereiche stehen oftmals in Abhängigkeit zueinander.

Belastungen sollen nicht zur Überforderung führen

In jedem Betrieb gibt es Faktoren, durch die sich Mitarbeiter sowohl physisch als auch psychisch gesundheitlich beeinträchtigt fühlen. Damit gegen diese Belastungsfaktoren vorgegangen werden kann, sollten umfassende Analysen im jeweiligen Betrieb durchgeführt werden. Wenn Anzeichen für eine psychische oder physische Überforderung bestehen, empfiehlt es sich, eine Gesundheitsbeurteilung durchzuführen. Anzeichen für eine mögliche Überforderung sind z.B.:

- gehäufte gesundheitliche Beschwerden,
- Erhöhung des Krankenstandes durch Muskel-Skelett-Erkrankungen,
- angestrebte Tätigkeitswechsel bei mehreren Mitarbeitern,
- gehäufte Qualitätsmängel oder
- Äußerungen der Mitarbeiter, dass sie die Belastung als zu hoch empfinden.

Falls eines oder mehrere dieser Anzeichen auftreten, sollten die folgenden Maßnahmen ergriffen werden:

- eine Gefährdungsbeurteilung zur Feststellung der objektiven Belastungshöhe,
- eine Befragung der Beschäftigten zur Feststellung der individuellen Beanspruchung und
- eine orthopädisch-arbeitsmedizinische Untersuchung.

> Neben den körperlichen Beschwerden kann das Verhältnis zum Vorgesetzten die Gesundheit psychisch stark beeinträchtigen. Diese Konflikte zwischenmenschlicher Natur lassen sich häufig nicht ohne externe Unterstützung lösen.

Fürsorgepflicht

Ein Arbeitsverhältnis bringt Rechte und Pflichten sowohl für den Arbeitgeber als auch für den Arbeitnehmer mit sich. Der Arbeitgeber hat z. B. eine Fürsorgepflicht (§ 241 Abs. 2 BGB). Diese ist im Arbeitsschutzgesetz und in ergänzenden Verordnungen geregelt. Die Fürsorgepflicht umfasst auch Alkoholmissbrauch, den Umgang mit Aufputschmitteln und Drogen sowie psychosoziale Probleme wie Bulimie und Burn-out.

Um Suchterkrankungen vorzubeugen, sollten die Mitarbeiter regelmäßig über die verschiedenen Suchtformen und ihre Konsequenzen aufgeklärt werden. Das kann geschehen durch:

- Informations- und Aufklärungsveranstaltungen,
- das Intranet,
- Flyer und
- Aushänge am Schwarzen Brett.

Beispiel: Früherkennung einer Alkoholabhängigkeit

> Eine Mitarbeiterin konnte über lange Zeit ihren Alkoholkonsum während der Arbeit verbergen. Sensibilisiert durch eine Informationsveranstaltung zur Suchtgefährdung beobachtet eine Kollegin jedoch typische Merkmale wie Unkonzentriertheit, Nervosität und Leugnung von Fehlern. Sie stellt auch fest, dass es im Büro nach Alkohol riecht und informiert den Vorgesetzten. Dieser regt einen Termin mit dem Suchtkrankenhelfer an, um eine Beratung und eventuelle Behandlung in einer Fachklinik einzuleiten.

Medizinische Betreuung und Versorgung

Der Arbeitgeber hat nach dem Arbeitsschutzgesetz die Beschäftigten über Sicherheit und Gesundheitsschutz bei der Arbeit während ihrer Arbeitszeit ausreichend und angemessen zu unterweisen. Insbesondere muss er sie vor Aufnahme der Tätigkeit über die Gesundheits- und Unfallgefahren aufklären, die am Arbeitsplatz auftreten können (vgl. § 12 Abs. 1 Sätze 1 u. 3 ArbSchG). Dies gilt auch im Falle

- einer Neueinstellung,
- einer Veränderung im Aufgabenbereich,
- einer Einführung neuer Arbeitsmittel oder
- einer neuen Technologie.

Sollten arbeitsplatzbedingte Gefährdungen bestehen, muss der Arbeitgeber arbeitsmedizinische Untersuchungen anbieten. Zudem muss er Betriebsärzte nach dem Gesetz über Betriebsärzte, Sicherheitsingenieure und andere Fachkräfte für Arbeitssicherheit (ASiG) bereitstellen.

Betriebsärzte haben die Aufgabe, den Arbeitgeber beim Arbeitsschutz und bei der Unfallverhütung in allen Fragen des Gesundheitsschutzes zu unterstützen. Zudem untersuchen sie die Arbeitnehmer, beurteilen den Gesundheitszustand, werten die Untersuchungsergebnisse aus und beobachten die Durchführung des Arbeitsschutzes und der Unfallverhütung.

> Der Arzt darf dem Arbeitgeber Untersuchungsergebnisse nur nach Pflichtuntersuchungen mitteilen und unterliegt ansonsten der Schweigepflicht (§ 6 Abs. 3 ArbMedVV).

Arbeitsschutz

Unter Arbeitsschutz versteht man im Allgemeinen den Schutz von Leben und Gesundheit der Beschäftigten und Dritter vor Gefahren, die bei der Arbeit oder durch die Arbeit entstehen. Auch Maßnahmen, die die Arbeitskraft der Beschäftigten erhalten und dazu beitragen, die Arbeit menschengerecht zu gestalten, zählen zum Arbeitsschutz.

> Der Arbeitgeber ist verantwortlich für die Planung, Ausgestaltung und die Organisation des Arbeitsschutzes. Diese Verantwortung trifft neben dem Arbeitgeber auch dessen gesetzliche Vertreter, die vertretungsberechtigten Organe und Gesellschafter. Das gleiche gilt für Unternehmens- und Betriebsleiter im Rahmen der ihnen übertragenen Befugnisse sowie für alle Personen, die im Rahmen einer speziellen Rechtsverordnung oder Unfallverhütungsvorschrift beauftragt wurden (§§ 3 bis 14 ArbSchG).

In zahlreichen Gesetzen und Verordnungen sind allgemeine Grundsätze definiert, mit denen Umfang und Gestaltung des Arbeitsschutzes festgelegt werden. Insbesondere hat der Arbeitgeber (§§ 4, 5, 12 und 14 ArbSchG):

- die Arbeit so zu gestalten, dass eine Gefährdung für Leben und Gesundheit möglichst vermieden und die verbleibende Gefährdung möglichst gering gehalten wird,

- vorhandene Gefährdungen zu ermitteln (Gefährdungsbeurteilung) und geeignete Maßnahmen festzulegen, die den Stand von Technik, Arbeitsmedizin und Hygiene sowie sonstige gesicherte arbeitswissenschaftliche Erkenntnisse berücksichtigen,

- spezielle Gefahren für besonders schutzbedürftige Beschäftigtengruppen zu berücksichtigen,

- die Beschäftigten zu unterrichten und zu unterweisen und

- die erforderlichen Mittel bereitzustellen und damit verbundene Kosten zu tragen.

Pflichten des Arbeitgebers

Welche Maßnahmen im Einzelfall erforderlich sind, stellt der Arbeitgeber z. B. mittels einer Gefährdungsbeurteilung fest. Die Gefährdungen und die zu treffenden Maßnahmen müssen bei Betrieben mit mehr als zehn Beschäftigten dokumentiert werden (§ 6 Abs. 1 ArbSchG). Der Arbeitgeber ist ferner verpflichtet, dem zuständigen Unfallversicherungsträger alle Unfälle zu melden, die sich im Betrieb ereignet haben (§ 193 Abs. 1 SGB VII). Dies betrifft die Arbeits- sowie Wegeunfälle, bei denen der Versicherte getötet oder so stark verletzt wurde, dass er für mehr als drei Tage arbeitsunfähig ist. Diese Unfallanzeige ist schriftlich der zuständigen Berufsgenossenschaft binnen drei Tagen vorzulegen, nachdem der Arbeitgeber von dem Unfall erfahren hat.

Außerdem ist der Unfallversicherungsträger innerhalb der gleichen Fristen über Berufskrankheiten zu informieren. Im Betrieb muss zudem ein Verbandbuch geführt werden, in dem Unfälle und Verletzungen, die nach einem Arbeitsunfall getroffenen Erste-Hilfe-Maßnahmen sowie die Unfallmeldungen aufzuzeichnen oder aufzubewahren sind.

Der Arbeitgeber muss den Betriebsrat bei allen Fragen und Besichtigungen hinzuziehen, die den Arbeitsschutz, die Unfallverhütung und den betrieblichen Umweltschutz betreffen (§ 80 BetrVG).

Pflichten des Arbeitnehmers

Auch die Beschäftigten sind verpflichtet, für ihre Sicherheit und Gesundheit bei der Arbeit Sorge zu tragen (§ 15 ArbSchG). Sie haben vor allem darauf zu achten,

- Maschinen,
- Geräte,
- Werkzeuge,
- Arbeitsstoffe,
- Transport- und Arbeitsmittel sowie
- Schutzvorrichtungen und die persönliche Schutzausrüstung

bestimmungsgemäß zu verwenden.

Ferner müssen sie jede festgestellte unmittelbar erhebliche Gefahr für die Sicherheit und Gesundheit der zuständigen Stelle melden. Sie sind aber auch berechtigt, eigene Vorschläge zu allen Fragen der Sicherheit und des Gesundheitsschutzes zu machen und können sich nach erfolgloser Beschwerde beim Arbeitgeber bei den zuständigen Behörden beschweren (vgl. §§ 16, 17 ArbSchG).

Beispiel: Ergonomischer Arbeitsplatz

Ein Büroangestellter leidet schon seit Jahren unter Rückenbeschwerden. Wiederholt hat er seinen Vorgesetzten gebeten, ihm einen neuen Arbeitsstuhl zu stellen sowie den Arbeitsplatz ergonomisch einzurichten. Auch nach mehrmaligem Nachfragen ist der Vorgesetzte immer noch nicht tätig geworden. Deswegen wendet sich der Angestellte nun an den Betriebsrat, der die Unternehmensleitung erfolgreich auf Abhilfe drängt.

Gefährdungsbeurteilung

Die Gefährdungsbeurteilung ist das zentrale Element des betrieblichen Arbeitsschutzes. Sie ist die Grundlage für ein systematisches und erfolgreiches Sicherheits- und Gesundheitsmanagement. Nach dem ArbSchG und der Unfallverhütungsvorschrift „Grundsätze der Prävention" (BGV A1 bzw. GUV-V A1) sind alle Arbeitgeber dazu verpflichtet, eine Gefährdungsbeurteilung durchzuführen.

§ 5 ArbSchG regelt die Pflicht des Arbeitgebers zur Ermittlung und Beurteilung der Gefährdungen und konkretisiert mögliche Gefahrenursachen und Gegenstände der Gefährdungsbeurteilung. § 6 verpflichtet Arbeitgeber, das Ergebnis der Gefährdungsbeurteilung, die von ihm festgelegten Arbeitsschutzmaßnahmen und das Ergebnis ihrer Überprüfung zu dokumentieren.

Arbeitsplatzgestaltung

Arbeitsplätze müssen angemessen und leistungsfördernd gestaltet sein. Dies betrifft sowohl körperliche als auch psychische Aspekte.

- Bei der organisatorischen Arbeitsplatzgestaltung stehen die Gestaltung und Strukturierung der Arbeitsinhalte, die Art der Arbeitsteilung und die Arbeitszeitgestaltung im Vordergrund.

- Bei der technologischen Arbeitsplatzgestaltung wird das Zusammenspiel zwischen Mensch und Maschine untersucht.

Der Arbeitgeber muss den Betriebsrat über die Gestaltung der Arbeitsplätze, Arbeitsabläufe und der Arbeitsumgebung, rechtzeitig unter Vorlage der erforderlichen Unterlagen unterrichten (§ 90 Abs. 2 BetrVG).

> Wenn Arbeitnehmer durch eine den gesicherten arbeitswissenschaftlichen Erkenntnissen offensichtlich widersprechende Änderung bei der Arbeitsplatzgestaltung in besonderer Weise belastet werden, kann der Betriebsrat angemessene Maßnahmen zur Abwendung, Milderung oder zum Ausgleich der Belastung verlangen und notfalls über die Einigungsstelle erzwingen (§ 91 BetrVG).

Im Rahmen einer gesunden Arbeitsplatzgestaltung müssen auch die Hardware wie Computer, Bildschirm, Tastatur und das Mobiliar wie Schreibtisch und Bürostuhl berücksichtigt werden. Die einzelnen Elemente sind an die körperlichen Maße des Nutzers und an die zu erledigende Aufgabe anzupassen.

Checkliste: So gestalten Sie einen gesundheitsförderlichen Arbeitsplatz

- Die Arbeitsräume sind mindestens acht Quadratmeter groß und weisen eine Raumhöhe 2,50 Meter auf.

- Die Arbeitsfläche ist so bemessen, dass sich die Mitarbeiter bei ihrer Tätigkeit frei bewegen können (Arbeitsfläche Schreibtisch mindestens $1,60 \times 0,80$ Meter).

- Alle Arbeitsplätze müssen ausreichend beleuchtet sein (z. B. Büroräume 500 Lux).

- Zwischen der hellsten und dunkelsten Fläche im unmittelbaren Arbeitsbereich (z. B. Bildschirm/Arbeitsfläche) beträgt das Verhältnis 3:1, zwischen Arbeitsplatz und weiterer Umgebung nicht mehr als 10:1.

- Es gibt keine Spiegelungen, Reflexionen und Blendungen.

- Das Raumklima liegt zwischen 20 und 24 Grad Celsius und die relative Luftfeuchtigkeit zwischen 30 und 70 Prozent.

- Arbeits-, Pausen- und andere Aufenthaltsräume haben eine Sichtverbindung nach Außen (z. B. Fenster).

- Die erforderlichen Notausgänge sind vorhanden.

Vorschriften und Verordnungen

Der Arbeitsschutz ist in Deutschland durch eine Vielzahl von Einzelgesetzen, Verordnungen und Richtlinien geregelt. Diese lassen sich in drei Bereiche unterteilen:

- Sozialer Arbeitsschutz (z. B. Arbeitszeitgesetz, Mutterschutzgesetz, Mutterschutzrichtlinienverordnung, Jugendschutzgesetz, Fahrpersonalgesetz, Ladenöffnungsgesetze der Länder)

- Technischer Arbeitsschutz (z. B. Arbeitssicherheitsgesetz, Arbeitsschutzgesetz, Gewerbeordnung, Geräte- und Produktsicherheitsgesetz mit seinen Verordnungen, Arbeitsstättenverordnung, Betriebssicherheitsgesetz und -verordnung, Baustellenverordnung, Lastenhandhabungsverordnung, Lärm- und Vibrations-Arbeitsschutzverordnung)

- Medizinischer Arbeitsschutz (z.B. Gefahrstoffverordnung, Biostoffverordnung, Atomgesetz, Röntgenverordnung, Strahlenschutzverordnung, Chemikaliengesetz-Verordnung, PSA-Benutzungsverordnung, Bildschirmarbeitsverordnung)

Neben diesen staatlichen Vorschriften werden Sicherheit und Gesundheitsschutz der Arbeitnehmer durch die Unfallverhütungsvorschriften der gesetzlichen Unfallversicherung (GUV) als autonome Rechtsnormen geregelt.

Normen und Zertifizierungen

Eine weitere arbeitsschützende Regelung ist die DIN SPEC 91020, die Anforderungen an ein Betriebliches Gesundheitsmanagement festlegt. Die DIN SPEC ist jedoch kein Standard für Gesundheits- und Arbeitsschutzmanagementsysteme. Hier wird z.B. die OHSAS 18001 (Occupational Health- and Safety Assessment Series) oftmals als Zertifizierungsgrundlage verwendet.

Altersvorsorge

Die Altersvorsorge beschreibt Maßnahmen zur Bereitstellung und Sicherung der Mittel (Kapital oder Renten), die für den Ruhestand nach Erreichen der Altersgrenze oder bei Invalidität und für die Hinterbliebenen im Todesfall erforderlich sind.

Betriebliche Altersvorsorge

Arbeitnehmer haben seit 2002 einen Rechtsanspruch auf eine betriebliche Altersvorsorge (bAV) über den Arbeitgeber. Sie erfolgt durch Gehalts- oder Entgeltumwandlung und wird staatlich gefördert (§ 1a Betriebsrentengesetz BetrAVG). Danach können jährlich bis zu vier Prozent der Beitragsbemessungsgrenze in der gesetzlichen Rentenversicherung (§§ 161 bis 167 SGB VI) steuer- und sozialversicherungsfrei umgewandelt werden.

> Der Rechtsanspruch auf Entgeltumwandlung ist dem Tarifvorrang untergeordnet (§ 17 Abs. 5 BetrAVG). Beschäftigte in Unternehmen, für die ein allgemein verbindlicher Tarifvertrag gilt, können eine Umwandlung nur beanspruchen, wenn der gültige Tarifvertrag dies ausdrücklich vorsieht.

Mit dem Gesetz zur Förderung der zusätzlichen Altersvorsorge und zur Änderung des Dritten Buches Sozialgesetzbuch (ZAV-FuSGBIIIÄndG) wurde die Sozialabgabenfreiheit für die bAV unbefristet verlängert. Außerdem wurde das Lebensalter für die Unverfallbarkeit arbeitgeberfinanzierter Betriebsrentenanwartschaften von 30 auf 25 Jahre abgesenkt.

Wer als Arbeitgeber eine bAV einführen will, hat die Wahl zwischen verschiedenen sogenannten Durchführungswegen (§ 1b BetrAVG), über die diese Leistungen erbracht werden:

- die Direktversicherung,
- die Pensionskasse/der Pensionsfonds,
- die Unterstützungskasse,
- die Direktzusage.

Der Arbeitgeber kann grundsätzlich frei entscheiden, welches Instrument er anbieten und mit welchem Partner er bei der Durchführung zusammenarbeiten will.

Pensionsfonds/Pensionskassen

Ein Pensionsfonds ist eine versicherungsähnliche, rechtlich selbstständige Versorgungseinrichtung, die dem Arbeitnehmer oder seinen Hinterbliebenen einen Rechtsanspruch auf ihre Leistungen gewährt (§ 1b Abs. 3 Satz 1 BetrAVG).

Pensionsfonds können die Rechtsform einer Aktiengesellschaft oder eines Pensionsfondsvereins auf Gegenseitigkeit haben. Sie unterliegen der Aufsicht durch die Bundesanstalt für Finanzdienstleistungsaufsicht (BaFin). Durch die einschlägigen steuerlichen Regelungen (insbesondere § 3 Nr. 66 EStG) sind sie besonders für die Übernahme zuvor intern finanzierter Versorgungsverpflichtungen geeignet.

Pensionsfonds werden durch Beiträge eines oder mehrerer Trägerunternehmen und den daraus resultierenden Erträgen finanziert. Die Beiträge können auch im Wege der Entgeltumwandlung durch den Arbeitnehmer erbracht werden (§ 1a Abs. 1 Satz 1 BetrAVG).

Direktversicherung

Direktversicherungen sind Kapital-Lebensversicherungen oder fondsgebundene Lebensversicherungen, die der Arbeitgeber (Versicherungsnehmer) auf das Leben des Arbeitnehmers (Versicherten) abschließt, deren Leistungen im Versicherungsfall aber dem Arbeitnehmer oder seinen Hinterbliebenen zustehen (§ 1 Abs. 1 BetrAVG).

Durch das Alterseinkünftegesetz (AltEinkG) sind seit 2005 auch Beiträge des Arbeitgebers und Arbeitnehmers für eine Direktversicherung steuerfrei, die aus umgewandeltem Entgelt entrichtet werden. Diese Regelung gilt aber nur, wenn

- die Versorgungszusage eine lebenslange Altersversorgung vorsieht,
- die Direktversicherung im ersten Dienstverhältnis abgeschlossen wurde,
- die Auszahlung in Form einer Rente oder eines Auszahlungsplans vorgesehen ist,
- die Fälligkeit nicht vor dem vollendeten 62. Lebensjahr eintritt und
- die Beitragshöhe von vier Prozent der Beitragsbemessungsgrenze in der gesetzlichen Rentenversicherung nicht überschritten wird.

> Die Steuerfreiheit ist ausgeschlossen, wenn ausschließlich eine Einmalkapitalzahlung vorgesehen ist. Der Höchstbeitrag erhöht sich um 1.800 Euro, wenn die Beiträge auf Grund einer Versorgungszusage geleistet werden, die nach dem 31. Dezember 2004 erteilt wurde.

Entgeltumwandlung

Alle Arbeiter und Angestellten und zur Berufsausbildung Beschäftigten haben, sofern sie bei ihrem Arbeitgeber in der gesetzlichen Rentenversicherung pflichtversichert sind, einen Anspruch auf Entgeltumwandlung (§ 1a BetrAVG). Sie liegt vor, wenn Arbeitgeber und Arbeitnehmer vereinbaren, künftige Arbeitslohnansprüche zugunsten einer bAV herabzusetzen. Die Vereinbarung kann auf individueller, betrieblicher oder auf tariflicher Grundlage erfolgen. Davon zu unterscheiden sind sogenannte Eigenbeiträge des Arbeitnehmers, bei denen der Arbeitnehmer aus seinem bereits zugeflossenen und versteuerten Arbeitsentgelt Beiträge zur Finanzierung der bAV leistet (vgl. § 1 Abs. 2 Nr. 3 u. 4 BetrAVG).

Umwandelbar sind nur künftige Entgeltansprüche. Dazu zählen:

- Arbeitsentgelt,
- Jahressonderzahlungen,
- Weihnachtsgratifikationen,
- Gewinnbeteiligungen und
- Überstunden- und Nachtzuschläge.

Rechtsgrundlage für die Entgeltansprüche können sowohl individuelle als auch kollektivvertragliche Vereinbarungen sein. Der Arbeitnehmer darf seine geschuldete Gegenleistung noch nicht erbracht haben.

Vermögenswirksame Leistungen

Die vermögenswirksamen Leistungen (vL) sind eine Geldleistung des Arbeitgebers, die dem Arbeitnehmer nicht zur freien Verfügung ausgezahlt, sondern für ihn langfristig angelegt wird. Arbeitsrechtliche Grundlage einer solchen Vereinbarung kann

- der Tarifvertrag,

- eine Betriebsvereinbarung oder

- ein Einzelarbeitsvertrag mit dem Arbeitnehmer sein.

Die Leistungen dürfen aber auch freiwillig, also ohne vertragliche Bindung, erbracht werden.

> Sofern der Arbeitnehmer es schriftlich verlangt, muss der Arbeitgeber einen Vertrag über die vermögenswirksame Anlage von Teilen des Arbeitslohns abschließen. Je nach Vertrag muss bzw. kann der Arbeitnehmer selbst etwas hinzuzahlen.

Unter folgenden Bedingungen werden vL mit einer Arbeitnehmersparzulage vom Staat gefördert (§ 13, 5. VermBG):

- Das zu versteuernde Einkommen darf bestimmte Grenzen nicht überschreiten,

- der Arbeitnehmer muss die Anlageart und das Anlageinstitut frei wählen können,

- die Anlage muss förderfähig sein und

- die Einkünfte dürfen ausschließlich aus nichtselbstständiger Arbeit stammen.

Beispiel: Sparen lohnt sich

> Ein alleinstehender Arbeitnehmer zahlt monatlich 45 Euro in seinen Bausparvertrag ein. Nach sieben Jahren hat er somit 3.780 Euro gespart. Der Arbeitgeber zahlt seinerseits 40 Euro monatlich auf das Bausparkonto ein. Mit Wohnungsbauprämie, Arbeitnehmersparzulage und Zinsen der Bausparkasse erhält der Arbeitnehmer nach sieben Jahren insgesamt 8.492,52 Euro ausgezahlt.

Diversity und Compliance

Eine ethisch vorbildliche Unternehmensführung wird immer mehr zum Unterscheidungsmerkmal gegenüber Bewerbern, Mitarbeitern, Kunden und dem Unternehmensumfeld. Zahlreiche Skandale und Krisen haben das Verhältnis von Moral und Macht bei Managern in das Blickfeld der Öffentlichkeit gerückt und der Unternehmensethik neue Aufmerksamkeit beschert. Bei der Aufgabe, die verschiedenen Formen des Konflikts zwischen Gewinnmaximierung und Moralgebot, wie z. B. Korruption, Kinderarbeit, Umweltverschmutzung, Bilanzverschleierung, zu bewältigen, ist es dabei zu einem Wettlauf zwischen gesetzlichen Regelungen und der Selbstverpflichtung von Unternehmen gekommen.

Im folgenden Kapitel lesen Sie,

- wie sich Unternehmen ihrer gesellschaftlichen Verantwortung stellen,
- welche personalpolitische Bedeutung der Organisation von Vielfalt zukommt,
- wie Diskriminierung und Mobbing bekämpft werden und
- welche Aufgaben mit dem Compliance Management verbunden sind.

Corporate Governance verkörpert die Unternehmenswerte

Corporate Governance als Teilbereich der Corporate Responsibility beschreibt die Grundsätze der Unternehmensführung. Bisher existiert weltweit keine einheitliche Definition, was Corporate Governance genau bedeutet oder umfasst. Ganz allgemein kann es aber verstanden werden als die Gesamtheit aller internationalen und nationalen Regeln, Vorschriften, Werte und Grundsätze, die bestimmen, wie Unternehmen geführt und überwacht werden. Dieser Ordnungsrahmen wird maßgeblich durch Gesetzgeber und Eigentümer bestimmt. Die konkrete Ausgestaltung obliegt dem Aufsichts- bzw. Verwaltungsrat und der Unternehmensführung.

Ein unternehmensspezifisches Corporate-Governance-System besteht heute aber nicht nur aus rechtlich verbindlichen Vorschriften, sondern es umfasst auch freiwillige Maßnahmen. Gute Corporate Governance gewährleistet verantwortliche, qualifizierte, transparente und auf den langfristigen Erfolg ausgerichtete Führung und soll so der Organisation selbst, ihren Eigentümern, aber auch externen Interessengruppen (Geldgebern, Absatz- und Beschaffungsmärkten, der Gesellschaft, den Bürgern) dienen.

In Deutschland sind die Corporate-Governance-Grundsätze im sogenannten Deutschen Corporate Governance Kodex fixiert worden. Eine vom Bundesministerium der Justiz im September 2001 eingesetzte Regierungskommission hat diesen Kodex am 26. Februar 2002 verabschiedet. Er enthält neben der Darstellung wesentlicher gesetzlicher Vorschriften zur Unternehmensführung und Publizität zahlreiche Empfehlungen und Anregungen zur Leitung und Überwachung börsennotierter Gesellschaften.

Diversity Management – Vielfalt als Erfolgsfaktor

Der Leitgedanke des Diversity Managements ist die Wertschätzung der Vielfalt von Mitarbeitern. Sie verfolgt aber keinen Selbstzweck, sondern dient dem wirtschaftlichen Erfolg des Unternehmens. Das Ziel besteht darin, Personalprozesse und die Personalpolitik so auszurichten, dass einerseits die Belegschaft die demografische Vielfalt des Geschäftsumfeldes widerspiegelt sowie andererseits alle Mitarbeiter motiviert sind, ihr Potenzial zum Nutzen der Organisation einzubringen (siehe folgende Abbildung).

Diversity Management dient nicht in erster Linie der Umsetzung von Antidiskriminierungsansätzen oder entsprechender Gesetze. Diversity und Antidiskriminierung beschäftigen sich zwar mit den gleichen Themen, betrachten diese allerdings aus unterschiedlichen Perspektiven.

Bei der Antidiskriminierungsarbeit geht es darum, Ausgrenzung und Herabsetzung zu verhindern. Diversity Management zielt darauf ab, Vielfalt zum Vorteil bzw. Nutzen für alle Beteiligten einzubeziehen. Es ist ein ganzheitliches Konzept des Umgangs mit personeller und kultureller Vielfalt in der Organisation: Die personelle Vielfalt der Belegschaft soll sich auf alle Geschäftsfelder auswirken und erfolgreich für Absatzmärkte, Kundengruppen, Produkte, Lieferanten und andere Geschäftspartner nutzen lassen.

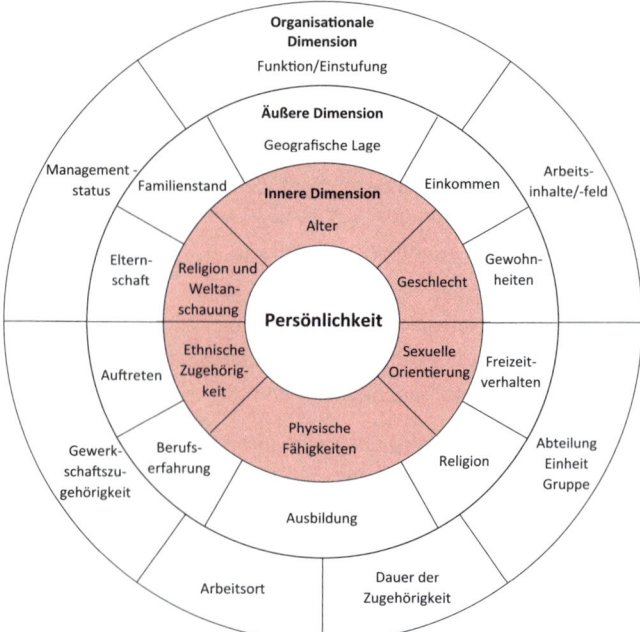

Dimensionen von Vielfalt (Quelle: Charta der Vielfalt)

Beispiel: Vielfalt praktisch nutzen

Eine mittelständische Berliner Logistikfirma sah große Chancen im Aufbau von Geschäftsstellen in Tschechien und China. Man war sich bewusst, dass ein Training eigener Mitarbeiter für die dortige Geschäftsführung viel zu aufwendig und teuer wäre und gleichzeitig nie effiziente Handlungsfähigkeit in fremden Kulturen und Gebräuchen gewährleisten würde. Deshalb warb man chinesische Studenten für Praktika im Haus an und trainierte sie dann intern weiter, bis der oder die Beste – in der ersten Zeit gemeinsam mit einer Führungskraft – nach China gehen konnte und dort die Außenstelle aufbaute. Inzwischen gehören ständig mindestens 30 chinesische und tschechische Auszubildende zum Firmenteam.

Organisation von Vielfalt

Diversity Management umzusetzen ist kein kurzfristiges Projekt, das im Rahmen von ein oder zwei Jahren abgeschlossen ist. Es geht um eine längerfristige Veränderung der Organisationskultur hin zu mehr Offenheit und einem wertschätzenderen Umgang miteinander.

- Um diese Veränderung zu erreichen, zielen die Diversity-Aktivitäten in einer ersten Phase darauf ab, in der gesamten Belegschaft – insbesondere jedoch bei den Führungskräften – ein Bewusstsein für Vielfalt zu schaffen sowie deren Bedeutung für eine gute Zusammenarbeit und den Erfolg der Organisation zu vermitteln.

- Darauf aufbauend werden Schritte unternommen, die auf den Ausbau der Kompetenz für wertschätzenden Umgang (Inclusion) in der Organisation zielen. Diese Maßnahmen schaffen Begegnungen (z. B. durch Mentoring-Programme) und initiieren einen Dialog unter den Beteiligten. Hier sind wiederum vor allem die Führungskräfte gefragt – als Antreiber und Vorbilder.

- Schließlich werden bestehende Verfahren, Prozesse, Regelungen und Richtlinien im Hinblick auf ihre Durchlässigkeit und Angemessenheit (Adäquanz) für unterschiedliche Talente analysiert und gegebenenfalls angepasst.

Die Vielzahl an Aktivitäten macht deutlich, dass Diversity Management nicht nur ein Maßnahmenpaket ist, das es abzuarbeiten gilt. Vielmehr handelt es sich um ein Vorhaben, das einerseits auf Veränderungen der Organisationskultur und -struktur abzielt. Gleichzeitig geht es darum, Veränderungen im Verhalten und in den Werten der Beschäftigten anzuregen. Ein strukturiertes Change-Management-Programm ist daher gewissermaßen Bestandteil des Diversity Managements.

Insbesondere die Rekrutierung und Personalentwicklung sowie die Auswahlverfahren stehen bei vielen Unternehmen im Fokus der Betrachtung. Bei der Rekrutierung sollen gezielt unterschiedlichste Talente angesprochen und gewonnen werden. Recruiting-Messen für Zielgruppen wie Frauen und z.B. Talente mit Migrationshintergrund oder unterschiedlicher sexueller Orientierung müssen gezielt bedient werden. Klar verständliche Aufgabenstellungen bei Assessments oder Tests geben auch den Talenten eine Chance, die zwar für die Stelle geeignet sind, ihre Fähigkeiten aber nicht zeigen konnten, weil die Aufgabenstellungen zuvor vielleicht zu komplex waren und aufgrund von Sprachschwierigkeiten nicht verstanden wurden.

Einführung im Unternehmen

Damit die Einführung und Umsetzung von Diversity Management zum Erfolg führt, sollten die folgenden fünf Schritte bzw. Phasen durchlaufen werden:

Leitfaden Diversity Management

 1 **Ziele definieren:** Wie profitiert die Organisation durch Diversity Management?

- Ziele der Organisationsstrategie: Wo trägt Vielfalt zum Geschäftserfolg bei? (Z.B. im Hinblick auf Kunden, Lieferanten sowie die eigene Belegschaft)
- Ansatzpunkte: Wie kann Diversity umgesetzt werden?

 2 **Istzustand ermitteln:** Was ist die Ausgangssituation hinsichtlich Diversity in der Organisation?

- Die Zusammensetzung von Belegschaft, Kunden und Lieferanten ermitteln.
- Bereits vorhandene Diversity-Maßnahmen zusammentragen. Viele Organisationen betreiben bereits Maßnahmen, ohne sich dessen bewusst zu sein.

 3 **Umsetzung planen:** Wie lässt sich Diversity in der Organisation einführen?

- Das Ziel mit der aktuellen Situation vergleichen und eine eventuelle Lücke beschreiben.
- Gesamtplan entwerfen: Was lässt sich in welchem Zeitraum erreichen?
- Geeignete Maßnahmen sammeln.
- Maßnahmen bewerten: Sinnvolle Bewertungskriterien sind Umsetzungsdauer, Opportunitäts- und Umsetzungskosten sowie die Wirkung und Risiken.

4 **Umsetzung realisieren:** Die Maßnahmen praktisch durchführen

- Umsetzungsplan entwerfen: Eindeutigen Zeitplan für jede einzelne Maßnahme entwerfen.

- Begleitende organisationsweite Kommunikation vorbereiten.

5 **Erfolg messen:** Welche Wirkung haben die Maßnahmen?

- Effekte der Maßnahmen des Zeitplans bewerten.

- Maßnahmen abhängig vom Erfolg ausbauen, variieren oder einstellen.

Diversity und Compliance

Seit Inkrafttreten diverser Antidiskriminierungsgesetze (Deutschland) und -richtlinien (EU) hat Diversity Management zudem eine Compliance-Dimension erhalten. Werden bestimmte Diversity-Standards nicht eingehalten, führt dies zu Sanktionen. Das Einhalten der Standards bedeutet daher nicht mehr nur einen Wettbewerbsvorteil, vielmehr führt die Nichteinhaltung zu einem Wettbewerbsnachteil. Zur Abschreckung gegenüber diskriminierenden Unternehmen wurde den Opfern von Diskriminierung eine zivilrechtliche, materielle Entschädigung zugebilligt. Diese Entschädigungszahlungen sollen nach den zugrundeliegenden Richtlinien explizit eine abschreckende Höhe haben, wobei sich die Abschreckung explizit auch auf Mitbewerber bezieht (Generalprävention).

Antidiskriminierung

Obwohl Diversity Management grundsätzlich nicht so angelegt ist, dient es auch der Erfüllung gesetzlicher Ansprüche
z. B. im Hinblick auf Antidiskriminierungsvorschriften wie das
Allgemeine Gleichbehandlungsgesetz (AGG). Anstatt nur auf
ein Risiko zu reagieren, das durch das Gesetz hervorgerufen
wird, nehmen viele Organisationen die Intention des Gesetzes
zum Anlass, um die Chancen des Diversity Managements zu
nutzen.

Das AGG soll Benachteiligungen aus Gründen der Rasse oder
wegen der ethnischen Herkunft, des Geschlechts, der Religion
oder Weltanschauung, einer Behinderung, des Alters oder der
sexuellen Identität verhindern oder beseitigen (§ 1 AGG). Eine
Diskriminierung liegt bei folgenden Tatbeständen vor (§ 7 AGG):

- Unmittelbare Benachteiligung: Jemand erfährt eine weniger günstige Behandlung als eine andere Person in einer
  vergleichbaren Situation. Hinsichtlich des Geschlechts gilt
  eine ungünstigere Behandlung wegen Schwanger- oder
  Mutterschaft als unmittelbare Benachteiligung.

- Mittelbare Benachteiligung: Neutral gehaltene Vorschrif-
  ten, Kriterien oder Verfahren können Personen in besonderer
  Weise benachteiligen, weil sie nicht auf die spezifischen
  Bedürfnisse einzelner Gruppen oder Personen eingehen.

- Belästigung: Unerwünschte Verhaltensweisen bewirken,
  dass die Würde der betreffenden Person verletzt oder ein
  von Einschüchterungen, Anfeindungen, Erniedrigungen,
  Entwürdigungen oder Beleidigungen gekennzeichnetes
  Umfeld erschaffen wird.

- Sexuelle Belästigung: Durch unerwünschtes und sexuell bestimmtes Verhalten wird die Würde einer Person verletzt. Als sexuell bestimmtes Verhalten gelten sexuelle Handlungen und Aufforderungen ebenso wie sexuell bestimmte körperliche Berührungen, Bemerkungen sexuellen Inhalts sowie unerwünschtes Zeigen und Anbringen von pornografischen Darstellungen.

- Auch die Anweisung zur Benachteiligung ist ebenso wie die Kombination mehrerer Merkmale ein Diskriminierungstatbestand.

> Eine unterschiedliche Behandlung ist zulässig, wenn sie sachlich begründet ist (§ 5 AGG) oder wenn dadurch tatsächliche Nachteile wegen eines im Gesetz genannten Diskriminierungsgrunds verhindert oder ausgeglichen werden sollen.

Das Gesetz legt dem Arbeitgeber zahlreiche Handlungspflichten und einen erheblichen Organisationsaufwand auf. Bei der Personalsuche und -auswahl muss er durch neutral formulierte Kriterien schon im Ansatz jeden Verdacht auf Diskriminierung verhindern. Wird eine Stelle unter Missachtung des Diskriminierungsverbots ausgeschrieben, liegt darin bereits ein Indiz für eine Benachteiligung (vgl. §§ 11, 22 AGG).

Weiter ist der Arbeitgeber verpflichtet, alles Erforderliche zu tun, um Diskriminierungen durch vorbeugende Maßnahmen zu verhindern, auf eingetretene Benachteiligungen angemessen zu reagieren und Betroffene zu schützen. Die allgemeine Schutzpflicht gilt als erfüllt, wenn er seine Beschäftigten in geeigneter Weise geschult hat (vgl. § 12 Abs. 2 AGG). Gleichwohl muss er eingreifen, wenn Beschäftigte gegen das Benachteiligungsverbot verstoßen und die im Einzelfall geeigneten Maßnahmen treffen – von der Abmahnung über die Versetzung bis zur Kündigung.

Beispiel: Diskriminierung aufgrund von Homosexualität

> Die neu eingestellte Teamleiterin eines Bauteileherstellers stört sich an der Gestik und Sprechweise eines homosexuellen Mitarbeiters. Da sie davon überzeugt ist, dass heterosexuelle Angestellte bei Kundenterminen bessere Ergebnisse liefern, setzt sie den homosexuellen Mitarbeiter nicht im Außendienst ein. Nachdem sich der Mitarbeiter bei der Unternehmensleitung, die mit seiner Arbeit immer zufrieden war, beschwert hatte, wurde die Teamleiterin aufgefordert, alle Mitarbeiter gleich zu behandeln. Da sich jedoch die Zustände auch nach weiteren Ermahnungen nicht änderten, beschließt die Unternehmensleitung, die Teamleiterin abzumahnen und in eine andere Region zu versetzen.

Mobbing

Als besondere und besonders auffällige Form der Diskriminierung im betrieblichen Alltag gilt Mobbing. Damit werden feindliche Angriffe gegen eine oder mehrere Personen bezeichnet, die systematisch und über einen längeren Zeitraum mit dem Ziel ausgeübt werden, die Betroffenen zu demütigen oder auszugrenzen. Mobbing wurde ursprünglich als negative Kommunikation am Arbeitsplatz verstanden, also unmäßige Kritik, öffentliche Beleidigungen, Anschreien, Ignorieren von Fragen, Verleumdung bis hin zum Rufmord. Heute wird der Begriff weiter gefasst: Mobber unterdrücken Informationen und fälschen Arbeitsergebnisse, geben sinnlose Anweisungen und stellen unwahre Behauptungen über Fehlverhalten auf. Auch vor Gewalt und sexueller Belästigung schrecken sie nicht zurück. Mobbing kann bei den Opfern häufig seelische Beeinträchtigungen und in der Folge auch psychosomatische Beschwerden hervorrufen. Die Betroffenen werden nicht selten krank und fehlen häufig, der Konflikt muss oftmals mit fremder Hilfe gelöst werden, die Motivation sinkt und die Leistungen lassen nach, die Betriebsergebnisse werden schlechter. Dies sind genügend Gründe für das Personalmanagement, sich mit Mobbing zu beschäftigen – am besten vorbeugend.

> Gemäß Betriebsverfassungs- und Arbeitsschutzgesetz hat der Arbeitgeber die Pflicht, Mobbing in seinem Unternehmen zu verhindern (§ 75 BetrVG sowie §§ 2,3,4 u. a ArbSG). Es obliegt ihm, das Persönlichkeitsrecht und die Gesundheit seiner Mitarbeiter zu schützen. Die als Mobbing bezeichneten Verhaltensweisen werden vom geltenden Strafrecht erfasst. Laut Strafgesetzbuch (StGB) kann z.B. der Straftatbestand der Körperverletzung, der Beleidigung, der üblen Nachrede oder Verleumdung ebenso vorliegen wie eine Nötigung.

Es gibt verschiedene Arten von Mobbing. Mobbing-Handlungen lassen sich grundsätzlich in drei Gruppen unterteilen:

- Verschlechterung der Arbeitsbedingungen, z.B. häufige Übertragung unangenehmer, kränkender oder sinnloser Aufgaben; ungerechtfertigte Kritik an den Leistungen des Opfers.

- Einschränkungen der sozialen Beziehungen am Arbeitsplatz, z.B. räumliche Isolierung durch Zuweisung eines abgelegenen Arbeitsplatzes; Zurückhalten wichtiger Informationen; Ausschluss von sozialen Aktivitäten.

- Angriffe auf die Person des Opfers, z.B. spitze Bemerkungen, Kritik am Aussehen, Getuschel hinter dem Rücken des Opfers.

Beispiel: Mobbing einer selbstständig arbeitenden Mitarbeiterin

Frau Arens arbeitet in einem Großraumbüro. Mit dem Wechsel der Führungsebene begannen für sie die Schwierigkeiten. Sie rutschte durch ihre bevorzugt selbstständige Arbeits- und Denkweise immer mehr in eine Außenseiterrolle. Der neue Chef kam mit ihrer Art offensichtlich überhaupt nicht klar. Immer öfter erntete sie im Beisein von Kollegen entsprechend zynische Bemerkungen. Nun strengte sich Frau Arens erst recht an, allerdings mit dem Ergebnis, dass eine Dienstanweisung der nächsten folgte und jegliche Selbstständigkeit bereits im Ansatz erstickt wurde.

Der tägliche Rapport bei Teambesprechungen diente nun nur zur Beschämung. Auch einige Kollegen übernahmen nun allmählich bestimmte Bemerkungen und Verhaltensweisen in Chefmanier. Die Situation wurde für Frau Arens immer unerträglicher. Sie begann, an sich selbst zu zweifeln. Sie bekam Magenbeschwerden. Immer häufiger meldete sie sich krank und schließlich fiel sie für mehrere Wochen aus.

Abschluss einer Betriebsvereinbarung

Da das AGG den Arbeitgeber verpflichtet, alle notwendigen Maßnahmen zu treffen, um Mobbing, Benachteiligungen und Diskriminierungen zu verhindern, sollten Unternehmen kooperativ mit dem Betriebsrat eine Betriebsvereinbarung gegen Diskriminierung bzw. für eine Gleichbehandlung beschließen. Auf diese Weise kann ein Betrieb praktische Leitlinien bestimmen und die Chancengleichheit am Arbeitsplatz fördern. Zu den Inhalten einer Antidiskriminierungs-Betriebsvereinbarung gehören:

- der Zweck der Betriebsvereinbarung,
- der Geltungsbereich der Regelungen,

- Maßnahmen und Leitlinien,

- ggf. Bekanntgabe der Bildung einer paritätischen Kommission zur Überprüfung und Überwachung der beschlossenen Maßnahmen.

Rechtlich betrachtet schützt eine Betriebsvereinbarung ein Unternehmen vor Gericht nur, wenn sie die Regelungen des AGG gänzlich abdeckt. Aus diesem Grund sollten die juristische Abteilung und/oder Arbeitsrechtler an der Formulierung der Betriebsvereinbarung beteiligt werden.

Checkliste: Formulierung einer Antidiskriminierungs-Betriebsvereinbarung

- Ist der rechtsverbindliche Charakter der Betriebsvereinbarung klar und eindeutig zu erkennen?

- Werden in der Betriebsvereinbarung alle gesetzlich festgelegten Regelungen zum Schutz der Arbeitnehmer berücksichtigt?

- Wurde in der Vereinbarung eindeutig der Hinweis formuliert, dass sie dazu dient, die Regelungen und Forderungen des AGG im Unternehmen umzusetzen?

- Bekennt sich die Unternehmensleitung zur Gesamtverantwortung für die Gleichbehandlung der Beschäftigten?

- Wurde auch die Personalsuche und -auswahl in den Geltungsbereich der Betriebsvereinbarung aufgenommen?

- Ist der Passus zu finden, dass die Vereinbarung und die Ergebnisse der beschlossenen Maßnahmen zur Gleichbehandlung allen Mitarbeitern im Unternehmen in schriftlicher Form und in allen relevanten Sprachen bekannt gemacht werden?

- Wurden das Datum des Inkrafttretens und die Laufzeit der Betriebsvereinbarung in das Dokument aufgenommen?

Compliance-Management – Regeln einhalten

Compliance bzw. Regeltreue (auch Regelkonformität) wird vom Deutschen Corporate Governance Kodex (DCGK) definiert als die in der Verantwortung der Unternehmensleitung liegende Einhaltung der gesetzlichen Bestimmungen und Verordnungen, aber auch von freiwilligen unternehmensinternen Richtlinien. Die Gesamtheit dieser Grundsätze und Maßnahmen eines Unternehmens, um Regelverstöße zu vermeiden, wird als Compliance-Managementsystem bezeichnet. Es umfasst nach IDW-Prüfungsstandard PS 980 des Instituts der Wirtschaftsprüfer in Deutschland (IWD) sieben Grundelemente:

- Compliance-Kultur
- Compliance-Ziele
- Compliance-Risiken
- Compliance-Programm
- Compliance-Organisation
- Compliance-Kommunikation und -Information
- Compliance-Überwachung und -Verbesserung.

Auch der TÜV Rheinland hat 2011 einen „Standard für Compliance Management Systeme" (TR CMS 101:2011) veröffentlicht.

Vorschriften und Selbstverpflichtung

Compliance hat seinen Ursprung in der US-amerikanischen Finanzbranche. Die Firmen sollten ein Kontrollsystem einrichten, um insbesondere Korruption, Geldwäsche und Insiderhandel zu verhindern. Auch in Deutschland wurden Compliance-Systeme zunächst über die Banken, aber auch über Versicherer aufgrund gesetzlicher Vorschriften eingeführt.

Vergleichbare detaillierte Vorgaben wie für Kreditinstitute gibt es für Industrieunternehmen nicht. Zwar sollen Unternehmen und Unternehmensleitung über die §§ 9, 30 und 130 Ordnungswidrigkeitengesetz (OWiG) dafür sorgen, dass aus dem Unternehmen heraus keine Gesetzesverstöße erfolgen. Werden entsprechende Organisations- und Aufsichtsmaßnahmen nicht ergriffen, können sie verurteilt werden, wenn es zu Verstößen gekommen ist.

> Bei Aktiengesellschaften hat der Vorstand nach § 91 II AktG geeignete Maßnahmen zu treffen, insbesondere ein Überwachungssystem einzurichten, damit Entwicklungen, die den Fortbestand der Gesellschaft gefährden, früh erkannt werden. Eine Pflicht zur Sicherstellung der Compliance ergibt sich auch aus § 43 GmbHG.

Mittlerweile dienen Compliance-Strukturen auch Industrieunternehmen zur Prävention spezieller Unternehmensrisiken im Rahmen des Risikomanagements. Compliance umfasst dabei auch die Einhaltung eigener ethischer Verhaltenskodizes und anderer nicht gesetzlicher Regelungen, da das Einhalten formalrechtlicher Vorschriften allein nicht mehr ausreicht, um in der Öffentlichkeit einen glaubwürdigen Eindruck von Integrität zu präsentieren. Schritt für Schritt entwickeln Unternehmen darum zusätzlich Standesregeln und unternehmensspezifische Verhaltenskodizes. Ausgewählte Themen der Compliance sind:

- Arbeitsschutz
- Rechnungslegung
- Korruption und Anti-Fraud (Betrugsvorbeugung)
- interne Standards
- Umwelt
- produktbezogene Transparenz und Nachweisbarkeit
- Datenschutz
- internes Kontrollsystem
- Risikomanagement
- IT Compliance

Einrichtung einer Compliance-Kultur

Als Compliance-Kultur werden die Grundeinstellungen und Verhaltensweisen bezeichnet, die von der Unternehmensleitung vermittelt werden. Die Compliance-Kultur soll allen Beschäftigten, Kunden und Lieferanten des Unternehmens die Bedeutung vermitteln, die das Unternehmen der Beachtung von Regeln beimisst, und damit bei allen Beteiligten die Bereitschaft zu regelkonformem Verhalten fördern.

Eine wirksame Compliance-Kultur erfordert aber vor allem, dass die kommunizierten und veröffentlichten Grundsätze im tatsächlichen Handeln und Auftreten aller Unternehmensverantwortlichen auf allen Managementebenen gespiegelt werden. Werte können nur glaubhaft vermittelt werden, wenn sie auch erkennbar von den Vermittelnden selbst gelebt werden.

Compliance-Prozesse

Um betriebliche Compliance-Aktivitäten durchführen zu können, müssen die eigentlichen Geschäftsvorgänge durch spezielle Prozesse hinterlegt werden, die vor allem die mit dem Geschäftsvorgang verbundenen Risiken im Blick haben.

- Prozesse der Risikoanalyse: Sie dienen der Identifikation von Bedrohungen und Gefahren im Rahmen der wertschöpfenden Aktivitäten des Unternehmens.

- Prozesse der Abweichungsanalyse: Sie werden ausgelöst, sofern der realisierte Istwert einer Aktivität oder einer Aktivitätenfolge außerhalb des definierten Toleranzbereichs um den Sollwert liegt.

- Prozesse des Umgangs mit Ausnahmesituationen: Im Mittelpunkt steht das (potenzielle) Eintreffen gravierender Ereignisse mit erheblicher kritischer Relevanz für das Unternehmen. Für solche Fälle sollten vorstrukturierte Sollprozessen zum Zwecke der Aufklärung und Schadensbegrenzung vorhanden sein.

- Prozesse der Eskalation: Hierbei geht es um die Auflösung bereits entstandener sowie die Verhinderung drohender Non-Compliance-Situationen. Das Ziel besteht darin, kritische Aktivitäten zu eskalieren, indem sie transparent gemacht und zeitnah einer verantwortlichen Instanz vorgetragen werden, damit diese gezwungen ist, regulierende Entscheidungen zu treffen.

Entgeltmanagement

Das richtige Entgeltmanagement ist für das Unternehmen von großer Bedeutung. Die Personalkosten wirken sich direkt auf die Gesamtkosten des Unternehmens aus, können jedoch auch Einfluss auf die Motivation der Mitarbeiter und somit auch auf Leistung jedes Einzelnen haben.

In diesem Kapitel lesen Sie,

- welche gesetzliche Regelungen es bei der Vergütung der Beschäftigten gibt,
- aus welchen Bestandteilen die Vergütung besteht,
- wie Sie Ihre Mitarbeiter am Erfolg beteiligen können.

Rechtssichere Vergütungsregelung

Unternehmen können ihr Entgeltmanagement nicht frei gestalten. Es gibt bestimmte gesetzliche Regelungen, die beachtet werden müssen.

Gesetzliche Regelungen

Gesetzliche und einzelvertragliche Vergütungsregelungen existieren auf mehreren Ebenen. Grundsätzlich gilt, dass der Arbeitnehmer aufgrund seiner erbrachten Arbeitsleistung einen Anspruch auf Vergütung hat. Der Begriff des Arbeitnehmers ist dabei im Sinne des Art. 39 EG und der VO 1612/68 nach Europäischem Unionsrecht zu bestimmen. Arbeitnehmer ist demnach jeder, der eine tatsächliche und echte wirtschaftliche Tätigkeit (Beschäftigung) ausübt, sie für einen anderen nach dessen Weisungen Leistungen erbringt und dafür als Gegenleistung ein Entgelt erhält (Art. 141 EG).

Gibt es weder einen Tarifvertrag noch eine Betriebsvereinbarung, sind Art und Höhe der Vergütung in dem individuellen, zwischen Arbeitgeber und Arbeitnehmer geschlossenen Arbeits- oder Dienstvertrag zu regeln. Dieser ist entsprechend den Vorschriften des Bürgerlichen Gesetzbuches zu gestalten (§§ 611 bis 630 BGB). Darüber hinaus darf der Arbeitsvertrag nicht gegen die guten Sitten gemäß §§ 138 und 826 BGB verstoßen.

Stehen Arbeitsleistung und Entgelt in einem auffälligen Missverhältnis, kann nach § 138 Abs. 2 BGB Lohnwucher vorliegen. Eine generelle Wuchergrenze ist nicht festgelegt. Wird ein Arbeitsvertrag auf Sittenwidrigkeit geprüft, ist der Tariflohn entscheidender Orientierungsmaßstab. Nur wenn dieser nicht der verkehrsüblichen Entlohnung entspricht, kann auch das übliche Lohnniveau am Ort herangezogen werden.

> Werden weniger als zwei Drittel des Tariflohns bzw. des üblichen Lohns bezahlt, liegt nach einem Urteil des Bundesarbeitsgerichtes (BAG) sittenwidriger Lohnwucher vor.

Wenn weder ein Tarifvertrag noch eine Betriebsvereinbarung oder ein Arbeitsvertrag exisiteren, hat der Arbeitgeber dem Mitarbeiter nach § 612 BGB die sogenannte (orts-) übliche Vergütung zu zahlen. Der Arbeitgeber muss den vollen Nachweis für die Ortsüblichkeit der gezahlten Vergütungen erbringen.

Mindestlohn

Ein Mindestlohn ist ein in der Höhe festgelegtes, kleinstes rechtlich zulässiges Arbeitsentgelt. Festgelegt wird der Mindestlohn durch eine gesetzliche Regelung, eine Festschreibung in einem allgemeinverbindlichen Tarifvertrag oder implizit durch das Verbot von Lohnwucher. Eine Mindestlohnregelung kann sich auf den Stundensatz oder den Monatslohn bei Vollzeitbeschäftigung beziehen. In Deutschland gilt ab 2015 ein allgemeiner gesetzlich festgelegter Mindestlohn. Für einige wenige Berufsgruppen gilt eine Übergangszeit bis Ende 2017.

Durch Tarifverträge können aber auch heute schon branchenspezifische Mindestlöhne festgelegt werden, wenn von den Tarifvertragsparteien ausgehandelte Lohntarifverträge als allgemeinverbindlich erklärt werden. Dadurch werden auch die tarifvertraglich nicht gebundenen Arbeitgeber und Arbeitnehmer einer Branche dem Mindestlohn des Tarifvertrags unterworfen.

Regelung im Tarifvertrag

Nach dem Tarifvertragsgesetz (TVG) werden Tarifverträge zwischen der Gewerkschaft und dem Arbeitgeber bzw. den Arbeitgeberverbänden geschlossen.

Wenn der Arbeitgeber tarifgebunden ist, der Arbeitnehmer aber nicht Mitglied der tarifschließenden Gewerkschaft ist, werden die Rechte und Pflichten aus dem Tarifvertrag in der Regel durch eine sogenannte Bezugnahmeklausel im Arbeitsvertrag auf das Arbeitsverhältnis übertragen.

Der nicht tarifgebundene Arbeitgeber ist jedoch nicht verpflichtet, die Arbeitsverhältnisse seiner Mitarbeiter unter Bezugnahme auf einen bestimmten Tarifvertrag zu gestalten. Er kann sich diesen beliebig aussuchen, nur einzelne Regelungen daraus übernehmen oder sich aus mehreren Tarifverträgen die für ihn passenden Bestimmungen zusammenstellen.

Kann ein Tarifvertrag angewendet werden, so sind Art und Höhe der Vergütung genau nach den im Vertrag vorgesehenen Richtlinien zu gestalten. Abweichende Vereinbarungen sind nur dann zulässig, wenn der Tarifvertrag diese durch eine sogenannte Öffnungsklausel gestattet (§ 4 Abs. 3 TVG). Dadurch können abweichende Vergütungsregelungen in einer Betriebsvereinbarung festgeschrieben werden. Wie die Vergütung gestaltet wird, hängt von der Betriebsvereinbarung ab.

> Die Anwendung von Öffnungsklauseln unterliegt in der Praxis einer engen Auslegung. Häufig darf der tariflich vereinbarte Lohn nur bei wirtschaftlichen Schwierigkeiten unterschritten werden.

Bei der Vergütung nach Tarifvertrag wird zwischen dem durch Eingruppierung festgelegten Grundentgelt (tarifliche Grundvergütung) und den übertariflichen Zulagen unterschieden. Durch die Eingruppierung wird der Arbeitnehmer anhand der von ihm auszuübenden Tätigkeit bzw. der von ihm besetzten Stelle einer der Vergütungsgruppen des für ihn einschlägigen Vergütungstarifvertrages zugeordnet.

Die übertarifliche Zulage wird zusätzlich zum tarifvertraglichen Vergütungsanspruch gezahlt. Sie beruht auf einer individuellen arbeitsvertraglichen Vereinbarung zwischen dem Arbeitgeber und dem Arbeitnehmer. Eine übertarifliche Zulage kann nur erhalten, wer eine tarifliche Grundvergütung erhält. In einem tariffreien Arbeitsverhältnis ist für sie kein Raum.

Regelung in der Betriebsvereinbarung

Betriebsvereinbarungen werden zwischen Arbeitnehmern (Betriebsrat) und Arbeitgebern (Unternehmensleitung) eines bestimmten Betriebes geschlossen. Dabei sind die Mitbestimmungsrechte des Betriebsrates nach § 87 BetrVG zu berücksichtigen. Erzielen Arbeitgeber und Betriebsrat keinen Konsens, entscheidet nach § 87 Abs. 2 BetrVG die Einigungsstelle.

Da Arbeitsentgelte durch Tarifvertrag geregelt sind oder üblicherweise geregelt werden, können sie nur dann Gegenstand einer Betriebsvereinbarung sein, wenn der Tarifvertrag ausdrücklich ergänzende Vereinbarungen zulässt. Ist eine Betriebsvereinbarung zur Lohngestaltung geschlossen, wirkt sie nach dem Betriebsverfassungsgesetz unmittelbar und zwingend (vgl. § 77 Abs. 3 u. 4 BetrVG). Wenn dem Arbeitnehmer bestimmte Nebenleistungen, z.B. eine Altersvorsorge, im Rahmen einer Betriebsvereinbarung zugesagt wurden, sind ihm diese auch zwingend zu gewähren. Ein Verzicht auf die entsprechende Nebenleistung ist nur mit der Zustimmung des Betriebsrates zulässig.

Anders als ein Tarifvertrag gilt eine Betriebsvereinbarung nur für den Betrieb, für den sie abgeschlossen wurde. Gesamt- und Konzernbetriebsvereinbarungen gelten analog unternehmens- bzw. konzernweit. Zudem gilt sie automatisch für alle Arbeitnehmer des Unternehmens.

> Wenn einzelvertragliche Vergütungsregelungen, die ein Arbeitnehmer mit dem Arbeitgeber vereinbart hat, ihn besser stellen als die Regelung in der Betriebsvereinbarung, gilt für ihn die einzelvertragliche Regelung (Günstigkeitsprinzip). Wenn hingegen Regelungen aus einem Tarifvertrag und aus einer Betriebsvereinbarung miteinander kollidieren, gilt das Prinzip des Tarifvorrangs. Auch wenn die Betriebsvereinbarung günstiger wäre, gilt die tarifvertragliche Regelung.

Regelung im Arbeitsvertrag

Existieren weder ein Tarifvertrag noch eine Betriebsvereinbarung und liegt im Unternehmen kein einheitliches Vergütungssystem vor, entscheidet grundsätzlich das Verhandlungsgeschick des Mitarbeiters über die Höhe der Vergütung.

Bei der Vertragsgestaltung sind aber die oben bereits erwähnten gesetzlichen Bestimmungen einzuhalten.

Ansonsten besteht in Fragen der Vergütung prinzipiell Vertragsfreiheit. Somit können zwei Mitarbeiter für die identische Arbeitsleistung unterschiedlich entlohnt werden, solange das Gehalt die (orts-) übliche Vergütung nicht unterschreitet. Etwas anderes gilt nur, wenn sich der Arbeitgeber z.B. durch ein innerbetriebliches, einheitliches Vergütungssystem selbst an eine vergleichbare Vergütung gebunden hat. In solch einem Fall kann er nur bei Vorliegen eines sachlichen Grundes hiervon abweichen.

Die prinzipielle Vertragsfreiheit bei der Vereinbarung der Vergütung wird aufseiten des Arbeitgebers durch den Gleichbehandlungsgrundsatz beschränkt. Demnach darf ein Arbeitnehmer nicht willkürlich von einem Entlohnungsbestandteil ausgeschlossen oder benachteiligt werden. Bei diesen sogenannten absoluten Differenzierungsverboten (§ 75 BetrVG) handelt es sich um:

- die Abstammung oder sonstige Herkunft
- die Religion oder Weltanschauung
- die Nationalität
- die Rasse oder ethnische Herkunft
- eine Behinderung
- das Alter
- eine politische oder gewerkschaftliche Betätigung oder Einstellung
- das Geschlecht oder die sexuelle Identität

Der Gleichbehandlungsgrundsatz verpflichtet den Arbeitgeber nicht, alle Mitarbeiter gleich zu behandeln. Ein Arbeitgeber ist individualrechtlich nicht gehindert, die gleiche Tätigkeit von Arbeitnehmern ungleich zu vergüten.

> Der aus Art. 3 Grundgesetz (GG) bzw. Art. 141 EG abgeleitete Gleichbehandlungsgrundsatz ist nicht mit der Allgemeinen Gleichbehandlung im Sinne des Allgemeinen Gleichbehandlungsgesetzes (AGG) zu verwechseln, es kann jedoch zu Überschneidungen kommen.

Der Gleichbehandlungsgrundsatz gebietet dem Arbeitgeber nur, seine Arbeitnehmer oder Gruppen seiner Arbeitnehmer, die sich in vergleichbarer Lage befinden, bei Anwendung einer selbst gesetzten Regel gleich zu behandeln. Er verbietet eine willkürliche Schlechterstellung einzelner Arbeitnehmer innerhalb der Gruppen und eine sachfremde Gruppenbildung (BAG 13.09.2006 – 4 AZR 236/05).

Beispiel: Gleiches Extrageld für alle

> In einer Tischlerei sind zehn Personen beschäftigt. Neun der Arbeitnehmer sind nicht gewerkschaftlich organisiert. Gewährt der Arbeitgeber allen Mitarbeitern eine Sonderzuwendung für zehnjährige Betriebszugehörigkeit, darf er dem Gewerkschaftsmitglied dieses Extrageld nicht aufgrund seiner Ideologie verwehren. Ein entsprechendes Verhalten verstößt gegen den Gleichbehandlungsgrundsatz.

In der Regel erhält der Arbeitnehmer auch bei einer nicht tarifgebundenen einzelvertraglichen Vergütungsregelung eine Grundvergütung. Das kann ein festes Gehalt (z.B. Stundenlohn, Monatslohn bzw. Monatsgehalt) oder aber auch ein leistungsabhängiges Gehalt (z.B. Akkordlohn, Prämienlohn) sein. Daneben können zusätzlich Zulagen oder Zuschläge für Überstunden, bestimmte Erschwernisse oder zur pauschalen Abgeltung von Aufwendungen oder erfolgsabhängigen Komponenten vereinbart werden.

Wenn der Arbeitgeber einen Rechtsanspruch des Arbeitnehmers auf diejenigen Leistungen ausschließen will, die über die Grundvergütung hinausgehen, muss er entweder bereits im Arbeitsvertrag, spätestens aber wenn er die Zusatzleistung gewährt, darauf hinweisen, dass es sich um eine freiwillige Leistung handelt, die keinen Rechtsanspruch des Arbeitnehmers begründen soll. Wenn ein solcher Hinweis fehlt, hat der Arbeitnehmer einen durchsetzbaren Anspruch auf diese Zahlungen auch in der Zukunft. Der Anspruch des Arbeitnehmers kann dann nur noch über eine schwer durchsetzbare Änderungskündigung beseitigt werden.

Alternativ kann sich der Arbeitgeber durch einen sogenannten Widerrufsvorbehalt davor schützen, die Leistungen für alle Zukunft gewähren zu müssen. Diese Widerrufsvorbehalte sind mit gewissen Einschränkungen grundsätzlich zulässig. Sie stehen jedoch nicht im freien Ermessen des Arbeitgebers, sondern müssen begründet werden – z.B. mit gravierenden wirtschaftlichen Schwierigkeiten des Betriebes.

Checkliste: Welche Angaben zur Vergütung sollte der Arbeitsvertrag enthalten?

- Die Gehaltshöhe, der Zahlungsmodus und der Zahlungszeitpunkt sind festzulegen.

- Bei einem Verweis auf ein tarifliches Gehalt ist die Eingruppierung zu nennen.

- Die Erhöhung der Bezüge, z.B. nach der Probezeit oder nach einem anderen Zeitraum, ist schriftlich zu fixieren.

- Die wöchentliche Arbeitszeit und die Vergütung der Überstunden sowie sonstige Zuschläge (Erschwerniszuschläge) sind zu nennen.

- Alle Nebenleistungen, wie z.B. Prämien, die Nutzung des Firmenwagens, eine betriebliche Altersvorsorge oder die Gewährung vermögenswirksamer Leistungen sind aufzuführen.

- Die (pauschalen) Erstattungsbeträge für Aufwendungen des Arbeitnehmers und für einen eventuellen Umzug sind zu nennen.

- Zusätzliche Leistungen, die im Ermessen des Arbeitgebers liegen (Weihnachtsgeld) oder die von ihm aufgrund gesetzlicher Regelungen erbracht werden müssen, sind schriftlich zu fixieren.

- Die Regelungen der Entgeltfortzahlung bei Krankheit oder Tod des Arbeitnehmers sind festzulegen.

- Der Umgang mit Zeitguthaben (bei flexibler Arbeitszeit oder der Führung von Zeitkonten) sowie die Regelung zu Zeitwertkonten sind schriftlich aufzuführen.

Regelung bei Arbeitsausfall

Grundsätzlich besteht nur ein Anspruch auf Arbeitsentgelt, wenn eine Arbeitsleistung erbracht wurde. Erfüllt der Arbeitnehmer seine Aufgaben nicht bzw. erbringt er seine Arbeitsleistung nicht, erhält er auch keinerlei Entlohnung.

Allerdings werden viele Ausnahmen zugunsten des Arbeitnehmers gemacht. Sie legen fest, wann und in welchem Umfang der Arbeitnehmer seine Vergütung erhält, obwohl er nicht arbeitet. Im Einzelnen sind dies folgende Anlässe:

- gesetzliche Feiertage (Entgeltfortzahlungsgesetz – § 2 EntgFG)

- Krankheit (Entgeltfortzahlungsgesetz – § 3 EntgFG)

- Erholungsurlaub (Bundesurlaubsgesetz – § 1 BUrlG)

- Schwangerschaft (Mutterschutzgesetz – MuSchG)

- Verhinderung aus persönlichen Gründen (§ 616 Satz 1 BGB)

- Verhinderung aufgrund von Stellensuche (§ 629 BGB in Verbindung mit § 616 Satz 1 BGB)

- Annahmeverzug des Arbeitgebers (§ 615 BGB)

- Störung des Betriebsablaufs

- Zurückbehaltungsrechts des Arbeitgebers (§ 273 BGB in Verbindung mit § 616 Satz 1 BGB)

> Der Anspruch auf Entgeltfortzahlung besteht bei Arbeitsunfähigkeit für alle Arbeitnehmer unabhängig von der Sozialversicherungspflicht. Damit haben auch geringfügig Beschäftigte einen Anspruch auf Entgeltfortzahlung, wenn sie arbeitsunfähig krank werden.

Für den Anspruch auf Entgeltfortzahlung im Krankheitsfall gibt es besondere Bedingungen (vgl. § 3 Abs. 1 und 3 EntgFG). Vorausgesetzt wird, dass

- das Arbeitsverhältnis mindestens vier Wochen ununterbrochen bestanden hat,

- die Krankheit als alleinige Ursache zu einer Arbeitsunfähigkeit geführt hat,

- die Arbeitsunfähigkeit nicht vom Arbeitnehmer verschuldet wurde.

Der Anspruch auf Entgeltfortzahlung beginnt an dem Tag, der auf die Arbeitsunfähigkeit folgt, und besteht für sechs Wochen bzw. 42 Tage. Ist der Arbeitnehmer mehrfach und zeitnah wegen desselben Leidens arbeitsunfähig krank (Fortsetzungserkrankung), muss der Arbeitgeber nur einmal sechs Wochen lang innerhalb von zwölf Monaten zahlen. Liegen zwischen zwei Fortsetzungserkrankungen mehr als sechs Monate, besteht der Anspruch auf Lohnfortzahlung erneut für sechs Wochen. Das gilt auch, wenn es sich um verschiedene Krankheiten handelt.

Um seinen Anspruch wahrnehmen zu können, muss der Arbeitnehmer bestimmte Anzeige- und Nachweispflichten erfüllen (§ 5 Abs. 1 EntgFG):

- Anzeigepflicht: Er muss seinem Arbeitgeber unverzüglich die Arbeitsunfähigkeit und deren voraussichtliche Dauer mitteilen.
- Nachweispflicht: Er muss spätestens am dritten Tag nach Beginn der Arbeitsunfähigkeit seinem Arbeitgeber eine Arbeitsunfähigkeitsbescheinigung (AU) vorlegen. Der Arbeitgeber kann jedoch verlangen, dass sie bereits früher vorzulegen ist.

Bestandteile der Vergütung

Eine Vergütung besteht nicht nur aus der reinen Barvergütung. Auch Sozial- und Nebenleistungen, Zulagen oder Entgeltumwandlungen müssen bzw. können in die Personalkosten mit eingerechnet werden.

Formen der Barvergütung

Bei der Barvergütung unterscheidet man zwischen der Zeit- und der Leistungsvergütung.

Zeitvergütung

Basis der Zeitvergütung ist die in Wochenstunden gemessene Arbeitszeit des Arbeitnehmers. Diese ist meistens tarifvertraglich geregelt. Andernfalls kann die wöchentliche Anzahl der Arbeitsstunden durch eine Betriebsvereinbarung oder die individuelle Aushandlung zwischen Arbeitnehmer und Arbeitgeber bestimmt sein.

Leistungsvergütung

Basis dieser Entlohnungsform ist die individuelle Leistung des Arbeitnehmers. So sind nicht die Wochenstunden des Mitarbeiters relevant, sondern z. B. die Stückzahl eines Produktes bzw. einer Dienstleistung, die er innerhalb einer bestimmten Zeit herstellt.

Der Akkordlohn knüpft direkt an die Leistung eines Mitarbeiters an und ist unabhängig von der Höhe der Wochenstunden. Er wird praktiziert in den Varianten:

- Einzelakkord: Der einzelne Mitarbeiter wird nach dem Akkordlohn vergütet.
- Gruppenakkord: Eine Arbeitsgruppe wird insgesamt akkordbezogen entlohnt. Die Basis der Vergütung ist das Gruppenergebnis.

In der Praxis existiert darüber hinaus der zeit- und geldbezogene Akkordlohn. Dabei wird für eine Arbeitseinheit eine festgelegte Arbeitszeit entlohnt bzw. pro Arbeitseinheit ein fixer Geldbetrag vergütet.

Beispiel: Verschiedene Vergütungsformen

Kassierer im Supermarkt bekommen ein auf Wochenstunden basierendes Gehalt, unabhängig von der Anzahl der zu bedienenden Kunden. Bibliothekare in öffentlichen Büchereien erhalten ein Monatsgehalt, unabhängig von der Zahl der geliehenen Bücher. Produktionsmitarbeiter in einem Autozuliefererbetrieb werden nach einer festgelegten Stückzahl der von ihnen je Stunde oder Tag produzierten Werkstücke entlohnt.

Sozial- und Nebenleistungen

Sozial- und Nebenleistungen sind ein weiterer Baustein der Vergütung. Die Anreizwirkung dieser Vergütungskomponente wird umso größer eingeschätzt, desto individueller die Leistungen auf den einzelnen Arbeitnehmer abgestimmt sind. Zu unterscheiden ist dabei zwischen gesetzlich vorgeschriebenen oder tariflich vereinbarten auf der einen und freiwilligen Sozial- und Nebenleistungen auf der anderen Seite.

Da gesetzliche und tarifliche Leistungen kaum Gestaltungsmöglichkeiten bieten, setzen Unternehmen, die eine individuelle und innovative Vergütungspolitik betreiben möchten, vor allem auf freiwillige Leistungen.

Zulagen, Boni und Prämien

Der Prämienlohn kombiniert Zeit- und Mengenlohn. Dem Arbeitnehmer wird ein festes Grundgehalt, ergänzt um eine Prämie, gezahlt. Dabei kann der Arbeitnehmer die Höhe der

Prämie z.B. durch sein Arbeitsergebnis bestimmen. Der Prämienlohn unterscheidet sich vom Akkordlohn, weil hier nicht nur die Belohnung quantitativer, sondern auch qualitativer Faktoren möglich wird.

Cafeteria-Modelle

Cafeteria-Modelle werden neben den variablen Vergütungskomponenten immer mehr zu einem Instrument der Motivation und des Anreizes. Ähnlich wie in einer Cafeteria, in der zwischen mehreren Menüs zu wählen ist, kann der Mitarbeiter seine Zusatzleistung aus einem Angebot nach seinen individuellen Bedürfnissen zusammenstellen. Da der Cafeteria-Ansatz den personenbezogenen Ansprüchen nach mehr Individualität und Flexibilität besonders Rechnung trägt, ist er hervorragend zur Motivationssteigerung geeignet.

Beispiele: Cafeteria-Vergütung

Herr Schulz ist verheiratet und hat zwei Kinder. Er legt bei seinen Zusatzleistungen viel Wert auf eine geregelte Arbeitszeit, nimmt zwei geförderte Plätze in der betriebseigenen Kindertagesstätte in Anspruch und wandelt einen Teil seines Gehaltes in einen Anspruch auf eine gute Hinterbliebenenrente um.

Frau Müller ist eine alleinstehende Führungskraft mit einer hohen Präferenz für schnelle Autos und flexible Arbeitszeiten. Sie bevorzugt daher als Nebenleistung einen neuen Dienstwagen und die Möglichkeit, Überstunden und Zeitguthaben für zusätzliche Urlaubstage zu sammeln.

Das Cafeteria-System ist nicht nur flexibel, weil der Arbeitnehmer sich seine Nebenleistungen selbst zusammenstellen kann. Er kann seine Zusatzleistung in der Regel auch periodisch anpassen. Ändern sich also seine Lebensumstände und damit die persönlichen Präferenzen, kann er sein Zusatzleistungspaket entsprechend darauf abstimmen.

Die gesetzlich zugesicherten Komponenten können im Rahmen des Cafeteria-Ansatzes nicht ausgetauscht werden. Sie sind den Mitarbeitern zwingend zu gewähren. Ähnlich verhält es sich bei tariflichen Leistungen. Diese können vom Arbeitnehmer nicht gegen andere Elemente ausgetauscht werden, sofern der Tarifvertrag dies nicht mit einer Öffnungsklausel gestattet.

Bei den betrieblichen Zusatz- und Nebenleistungen hat der Betriebsrat ein Mitbestimmungsrecht. Dies betrifft aber nur die Form, Ausgestaltung und Verwaltung der Leistungen. In welchem finanziellen Umfang der Arbeitgeber Leistungen gewährt oder welchen Zweck er verfolgt, bestimmt der Arbeitgeber allein.

Erfolgsbeteiligung – motivations- und leistungsfördernd

Bei dieser Form der variablen Vergütung wird der Arbeitnehmer an dem Erfolg der Unternehmung, z.B. der Kostenersparnis, dem Produktivitätszuwachs, dem Gewinn oder Ertrag beteiligt. Es handelt sich um eine direkte tätigkeitsbezogene Vergütung, deren Zeithorizont in der Regel kurzfristig ist. Zielsetzungen der Erfolgsbeteiligung können unter anderem die Motivationssteigerung und die Kommunikation von Leistungserwartungen, aber auch die Förderung unternehmerischen Denkens sein. Eine darüber hinausgehende gesellschafts-

oder schuldrechtliche Verknüpfung mit dem Arbeitgeber ist nicht gegeben.

> Die Erfolgsbeteiligung unterliegt in der Praxis kaum tarifvertraglichen Regelungen, sodass der Regelungsvorbehalt nach § 77 Abs. 3 BetrVG nicht greift. Allerdings sind bei der Erfolgsbeteiligung die Mitbestimmungsrechte des Betriebsrates nach § 87 BetrVG zu berücksichtigen.

Leistungsbeteiligung

Bei der Leistungsbeteiligung steht die Gruppe im Mittelpunkt. Somit zählt nicht die Leistung des einzelnen Mitarbeiters, sondern das Arbeitsergebnis einer Gruppe. Die Leistungsbeteiligung ist hinsichtlich ihrer Zielsetzung und Wirkung mit der gruppenbezogenen Akkordvergütung vergleichbar. Wie ein Arbeitgeber eine Gruppe definiert, ist sehr unterschiedlich und kann von ihm je nach betrieblicher Erfordernis und Struktur gestaltet werden (Team, Abteilung, Produktionsbereich, Werk, Betrieb). Eine Leistungsbeteiligung wird immer dann gezahlt, wenn die Gruppe eine vorher definierte Normalleistung überschreitet.

Beispiel: Mehr Vertragsabschlüsse als Anreiz

> Eine Bank zahlt ein festes Grundgehalt und vergütet im variablen Bereich nach der Leistungsbeteiligung. Schließt eine Arbeitsgruppe mehr Bausparverträge ab als durchschnittlich üblich, erhalten die Mitarbeiter ein zusätzliches Gehalt entsprechend einem vorher festgelegten Schlüssel.

Die Vorteile der Leistungsbeteiligung liegen in ihrer einfachen und schnellen Berechnungsweise. Darüber hinaus berücksichtigt diese Form der Vergütung ausschließlich produktions-

interne Aspekte und schließt positive sowie negative Markt-
einflüsse von der Betrachtung aus. Die Mitarbeiter werden
nur für etwas beurteilt, auf das sie auch Einfluss ausüben
können. Nachteilig ist dabei, dass die Leistungsbeteiligung mit
einem hohen Maß an Systempflege verbunden ist und zu
Akzeptanzfragen führen kann – z.B. ob die gesetzte Normalleistung den Interessen aller Beteiligten gerecht wird.

Ertragsbeteiligung

Die Ertragsbeteiligung hat den Vorteil, dass sie sowohl die
Marktsituation als auch produktionsinterne Aspekte berücksichtigt. Die Mitarbeiter werden am Ertrag beteiligt, wenn
eine bestimmte Ertragsgröße erreicht bzw. überschritten ist.
Dies erklärt die häufige Anwendung dieser Vergütungsform in
verkaufsorientierten Bereichen und bei Führungskräften, da
diese Mitarbeitergruppen über entsprechende Einflussmög-
lichkeiten verfügen.

Gewinnbeteiligung

Die Gewinnbeteiligung ist die in den Unternehmen am häufigsten verbreitete Form der Erfolgsbeteiligung. Sie wird nur
dann fällig, wenn auch wirklich ein Gewinn erzielt wurde. Die
Mitarbeiter erhalten einen bestimmten Anteil vom ausge-
wiesenen Jahresgewinn. Er kann nach verschiedenen Kriterien
verteilt werden: nach Köpfen, nach Betriebszugehörigkeit,
nach Höhe des Lohns/Gehalts oder auch nach individuellen
Leistungskriterien.

Konflikt und Kündigung

Ein Unternehmen ist immer auch ein Schmelztiegel unterschiedlicher Charaktere, Meinungen, Persönlichkeiten und Temperamente. Hinzu kommt der grundsätzliche Interessensgegensatz zwischen Arbeitgeber und Arbeitnehmer. Konflikte zwischen Individuen, Gruppen und der Institution sind daher unausweichlich und bedürfen einer Regulierung.

In diesem Kapitel lesen Sie,

- welche Formen der Konfliktprävention und -moderation es gibt,
- welche Rechte und Pflichten Arbeitgeber und Arbeitnehmer bei der Kündigung haben,
- welche Regelungen bei der Zusammenarbeit mit dem Betriebsrat beachtet werden sollten und
- welchen Ansprüche Arbeitnehmer beim Arbeitszeugnis haben.

Konfliktmanagement – von der Prävention bis zur Mediation

Wenn mehrere Menschen zusammenarbeiten, kommt es unweigerlich auch zu Missverständnissen, Meinungsverschiedenheiten und Konflikten. Gelingt es, diese Unstimmigkeiten offen und konstruktiv auszutragen, können aus den Unterschiedlichkeiten der Beteiligten Synergieeffekte entstehen. Ungelöste Konflikte können hingegen Verhaltensweisen auslösen, die den Arbeitsfrieden und das seelische und körperliche Wohlbefinden der Kollegen gefährden. Konflikte und erlebte Feindseligkeiten am Arbeitsplatz können zu Mobbing führen (siehe dazu Kapitel „Diversity und Compliance").

Auch um der Fürsorgepflicht des Arbeitgebers nach § 4 ArbSchG Genüge zu tun, gehört es zu den Aufgaben des Personalmanagements, Maßnahmen zu implementieren, die Konflikten vorbeugen, eine Eskalation verhindern oder sie bewältigen helfen. Dazu zählen insbesondere die Konfliktprävention, Konfliktberatung und die Mediation. Primäres Ziel von Konfliktmanagement ist eine systematische Auseinandersetzung mit Konflikten, um Kosten, die aus Konflikten entstehen, zu reduzieren.

Konfliktprävention – das Miteinander fördern und stärken

Wie bei fast allen Aspekten im Leben gilt: Vorbeugen ist besser als heilen. Ein Unternehmen braucht eine gesunde Unternehmenskultur, damit die Mitarbeiter mit Meinungsverschiedenheiten und Konflikten sinnvoll umgehen können. Dazu gehören die Firmenphilosophie, ein Ehrenkodex und Richtlinien im Umgang miteinander. Sie geben den Mitarbeitern eine feste

Orientierung. Vor allem in kleinen Unternehmen sind diese zentralen Leitlinien oft nicht schriftlich festgelegt.

Eine weitere Herausforderung besteht darin, festgeschriebene Richtlinien in den Alltag umzusetzen. Hier sind die Führungskräfte als Vorbild gefragt. Die Mitarbeiter sollen lernen, sich gegenseitig Wertschätzung entgegenzubringen. Dies gelingt, wenn die Führungskräfte ihre Mitarbeiter und Kollegen nach den definierten Richtlinien behandeln.

Im Rahmen der Konfliktprävention geht es darum, was Führungskraft und Mitarbeiter durch Interaktionen, Kooperationen und Erfolgserlebnisse konkret dafür tun können, um eine funktionierende Zusammenarbeit in Abteilungen oder Teams langfristig zu erhalten und zu fördern bzw. wie sie nach einer Konfliktklärung das wiederhergestellte gute und konstruktive Arbeitsklima stabilisieren und sichern können.

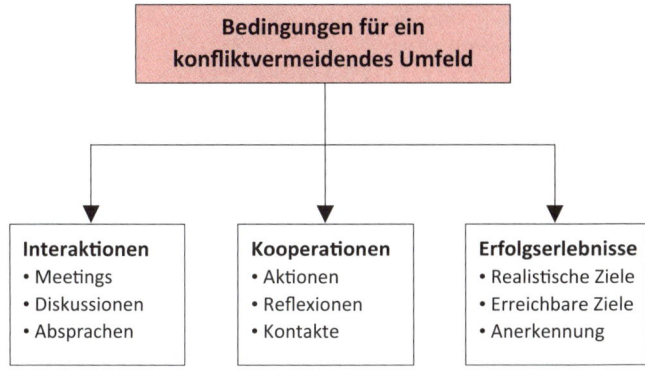

Bedingungen für ein konfliktvermeidendes Umfeld

Kommunikationskompetenz – das A und O der Konfliktprävention

Wichtig für die Konfliktprävention ist es, Missverständnisse zu vermeiden oder aufzudecken. Zu Konflikten kommt es oft deshalb, weil die Betroffenen im Vorfeld nicht bemerken, dass sie sich falsch verstanden haben. Dies setzt eine klare Kommunikation voraus. Gegenstand einer Konfliktprophylaxe ist daher auch immer die eigene innere Klarheit zum jeweiligen Thema oder zu einer Situation.

Diese kommunikative Handlungsfähigkeit kann gefördert werden durch regelmäßige, von der jeweiligen Führungskraft moderierte Aussprachen aller Mitarbeiter (Team, Bereich, Abteilung) über die Qualität der Zusammenarbeit und den alltäglichen Umgang miteinander. Dabei kann alles besprochen werden, was sich im Arbeitsalltag ereignet hat und sich auf die Zusammenarbeit und das Betriebsklima auswirkt.

> Um sich der eigenen inneren Dynamiken und Blockaden bewusst zu werden und Lösungen für einen konstruktiveren Umgang mit sich selbst und anderen zu finden, eignen sich Einzelcoachings und vor allem die Supervision bzw. ein Coaching in Gruppen. Um sich klar und unmissverständlich auf allen Ebenen der Kommunikation auszudrücken, können auch entsprechende Seminare besucht werden.

Transparentes Führungsverhalten

Die Führungskraft selbst kann in ihrem Verantwortungsbereich (Abteilung, Gruppe, Team) einiges bewirken, um das Konfliktpotenzial gering zu halten. Sie sollte kommunikative und konfliktvermeidende Führungsaufgaben verantwortlich und konsequent wahrnehmen. Dazu zählt:

- die Mitarbeiter klar zu informieren,
- ihr Verhalten aus den eigenen Rollenanforderungen heraus transparent zu machen,
- ihre Erwartungen an die einzelnen Mitarbeiter und deren Aufgabenerfüllung klar zu kommunizieren und mit ihnen auszuhandeln,
- Symptome für sich anbahnende Konflikte frühzeitig zu erkennen und Konfliktklärungsgespräche selbst zu führen oder sie zu delegieren,
- bei der Moderation von Besprechungen Störungen rechtzeitig wahrzunehmen und nachhaltig zu beheben.

Um das eigene Rollenverständnis als Führungskraft und den eigenen Führungsstil zu entwickeln bzw. hinsichtlich seiner Wirksamkeit auf die Konfliktprävention zu reflektieren, eignet sich ein Einzelcoaching oder die Teilnahme an einem Seminar.

Konfliktregelung

Im betrieblichen Kontext stehen zur Konfliktregelung zahlreiche etablierte Instrumente zur Verfügung. Neben Konfliktberatung und Mediation gibt es auch zentrale Konfliktanlaufstellen, externe Konflikt-Hotlines, interne Mediatoren-Pools, betriebliche Konfliktlotsen u. v. a. m. Sind sie systematisch miteinander und mit anderen Stellen und Verfahren (wie z. B. Mobbing-, Antidiskriminierungs- bzw. Gleichstellungsbeauf-

tragte, Einigungsstelle, Betriebs- und Personalrat, Ombuds-
leute) vernetzt, kann von einem Integrierten Konfliktmanage-
mentsystem gesprochen werden.

Ombudsmann als Schlichter bei Konflikten

Immer mehr Unternehmen, Organisationen und Institutionen
richten eine Stelle für einen Ombudsmann ein. Er ermöglicht
es, Streitfälle in verschiedensten Bereichen und ohne großen
bürokratischen Aufwand zu schlichten. Dies geschieht durch:

- eine unabhängige Betrachtung des Streitfalles,
- Abwägung der von beiden Konfliktparteien vorgebrachten Argumente,
- Vergleich von Schaden, Aufwand und Kostenfaktoren,
- Erarbeiten einer zufriedenstellenden Lösung oder
- Aussprechen einer empfohlenen Lösung für den entsprechenden Fall.

In manchen Unternehmen übernehmen auch sogenannte
Compliance Officer (siehe Kapitel „Diversity und Compliance")
zusätzlich die Funktion und Aufgaben des Ombudsmannes.

Betriebsrat/Beschwerdestelle für faire Konfliktlösungen

Auch der Betriebsrat hat im Rahmen seiner Überwachungs-
funktion (vgl. § 75 BetrVG und § 17 AGG) und den Mitbestim-
mungsrechten (§ 87 (1) u. (7) BetrVG) einen klaren Auftrag: Er

hat darauf hinzuwirken, dass betriebliche Konflikte rechtzeitig und adäquat bearbeitet werden und sich nicht zu gesundheitsschädlichem Mobbing entwickeln können. Wichtig ist also, eine Anlaufstelle zu schaffen, um rechtzeitig auf eine vernünftige, faire Lösung des Konfliktes hinwirken zu können. Dazu eignen sich insbesondere betriebliche Beschwerdestellen.

> Das Beschwerderecht hat Grundrechtscharakter und steht laut Art. 17 GG jeder Person zu. Dieses individuelle Beschwerderecht ist für den betrieblichen Zusammenhang sowohl durch den Arbeitsvertrag als auch durch § 84 BetrVG sowie § 13 AGG konkretisiert. Daneben besteht das kollektive Beschwerderecht über den Betriebsrat (§ 85 BetrVG). Gemäß § 86 BetrVG können Arbeitgeber und Betriebsrat die Einzelheiten des Beschwerdeverfahrens in einer Betriebsvereinbarung regeln.

Für Beschwerden, die sich auf die Benachteiligungsmerkmale aus dem Antidiskriminierungsgesetz beziehen, sind betriebliche Beschwerdestellen schon ausdrücklich im Gesetz vorgesehen (vgl. §§ 1 u.13 AGG). Danach haben die Beschäftigten das Recht, sich bei den „zuständigen Stellen" zu beschweren, wenn sie sich vom Arbeitgeber, von Vorgesetzten, anderen Beschäftigten oder Dritten wegen eines der in § 1 AGG genannten Gründe benachteiligt fühlen (siehe Kapitel „Diversity und Compliance"). Für alle anderen Beschwerdegründe gelten die allgemeinen arbeitsrechtlichen Möglichkeiten aus dem Arbeitsvertrag sowie aus dem Betriebsverfassungsgesetz weiterhin.

Im Sinne einer konstruktiven Bearbeitung von Beschwerden und eines daraus abgeleiteten frühzeitigen Konfliktmanagements scheint es sinnvoll, die Zuständigkeit der einzurichtenden Beschwerdestelle nicht auf die Benachteiligungsmerkmale aus dem § 1 AGG zu beschränken. Die für Beschwerden

nach dem AGG zuständige Stelle bestimmt dabei der Arbeitgeber. Sie muss nicht zwingend in der Personalabteilung angesiedelt sein.

Mediation für die konstruktive Konfliktbeilegung

Neben diesen fest eingerichteten und zum Teil gesetzlich
legitimierten innerbetrieblichen Einrichtungen zur Konfliktregelung können im Unternehmen auch ausgebildete Mediatoren zur Konfliktlösung eingesetzt werden. Mediatoren müssen nach § 5 des seit 2012 geltenden Mediationsgesetzes
(MediationsG) in eigener Verantwortung durch eine geeignete
Ausbildung und eine regelmäßige Fortbildung sicherstellen,
dass sie über theoretische Kenntnisse sowie praktische Erfahrungen verfügen, um die Parteien in sachkundiger Weise
durch die Mediation führen zu können. Die Ausbildung ist an
keine nachzuweisende Vorqualifikation gebunden.

Die Mediation (lat. „Vermittlung") ist ein strukturiertes frei-
williges Verfahren zur konstruktiven Beilegung eines Konfliktes. Die Konfliktparteien wollen durch Unterstützung einer
dritten „allparteilichen" Person (dem Mediator) zu einer gemeinsamen Vereinbarung gelangen, die ihren Bedürfnissen
und Interessen entspricht. Der Mediator trifft dabei keine
eigenen Entscheidungen bezüglich des Konflikts, sondern ist
lediglich für das Verfahren verantwortlich. Er gibt keine Empfehlungen und macht keine Vorschläge für eine mögliche
Konfliktregelung.

Der Mediator leitet die Mediation allparteilich bzw. allparteiisch, das heißt, er steht auf der Seite jedes Beteiligten. Diese Haltung geht deutlich über eine einfache Neutralität hinaus. Sie erstreckt sich aber nicht auf seine Stellung gegenüber den Konfliktparteien. So gleicht er beispielsweise ein Machtgefälle zwischen den Parteien aus, indem er vorübergehend als Sprachrohr der kommunikationsschwächeren Partei agiert.

Die Kündigung

Lässt sich ein innerbetrieblicher Konflikt zwischen Arbeitgeber und Arbeitnehmer oder zwischen Beschäftigten nicht durch eine(s) der vorgenannten Einrichtungen oder Verfahren schlichten oder lösen, führt dies in der Regel dazu, dass einer der Beteiligten kündigt bzw. gekündigt wird und das Unternehmen verlässt.

Die Kündigung ist das regelmäßig eingesetzte Instrument, um ein Arbeitsverhältnis einseitig zu beenden. Sie kann sowohl vom Arbeitgeber als auch vom Arbeitnehmer schriftlich und unter Einhaltung der Kündigungsfristen ausgesprochen werden, ohne dafür einen Grund angeben zu müssen. Für den Arbeitgeber werden die Kündigungsmöglichkeiten durch die umfangreichen gesetzlichen Regelungen des Kündigungsschutzes eingeschränkt.

Die Kündigung muss schriftlich abgefasst und vom Arbeitgeber eigenhändig unterschrieben werden (§ 126 Abs. 1 BGB). Die elektronische Form ist ausdrücklich ausgeschlossen: Eine Kündigung per E-Mail kommt also nicht in Betracht. Auch ein Fax oder ein Telegramm reichen nicht aus. Entspricht die Kündigung nicht diesen Formerfordernissen, ist sie nichtig (§ 125 BGB).

Kündigungsschutz

Der allgemeine Kündigungsschutz ist im Kündigungsschutzgesetz (KSchG) geregelt und gilt für alle Arbeitnehmer mit
Ausnahme von leitenden Angestellten, Betriebsleitern und
Geschäftsführern. Er greift nur dann, wenn das Arbeitsverhältnis sechs Monate ununterbrochen bestanden hat, unabhängig davon, ob der Arbeitnehmer während dieses Zeit-
raumes auch tatsächlich gearbeitet hat (§ 1 Abs. 1 KSchG).
Zudem muss es sich um einen Betrieb mit in der Regel mehr
als fünf Arbeitnehmern handeln (§ 23 Abs. 1 KSchG).

> Wenn das Gesetz angewendet werden kann, muss eine Kündigung durch
> den Arbeitgeber begründet werden und ist nur wirksam, wenn sie sozial
> gerechtfertigt ist (§ 1 KSchG). Die Rechtsunwirksamkeit muss der Arbeit-
> nehmer allerdings binnen einer Frist von drei Wochen geltend machen,
> ansonsten wird auch eine sozial nicht gerechtfertigte Kündigung wirksam
> und gilt als von Anfang an rechtswirksam.

Neben dem allgemeinen Kündigungsschutz besteht für eine
Reihe von Personen ein besonderer Kündigungsschutz, der eine
Kündigung weiter erschwert oder ausschließt. Dazu zählen:

- Schwerbehinderte und Gleichgestellte (Kündigung nicht
  ohne Zustimmung des Integrationsamtes, § 85 SGB IX),

- Schwangere (keine Kündigung während der Schwangerschaft und bis vier Monate nach der Entbindung § 9
  MuSchG),

- Arbeitnehmer in Elternzeit (keine Kündigung ab Antrag-
  stellung, jedoch höchstens acht Wochen vor Beginn der
  Elternzeit, und während der Elternzeit, § 18 BEEG),

- Arbeitnehmer in Pflegezeit und bei kurzfristiger Arbeitsverhinderung wegen Pflege (keine Kündigung von Ankündigung bis Beendigung der pflegebedingten Abwesenheit, § 5 Abs. 1 PflegeZG),

- Mitglieder von und Wahlbewerber für Betriebsverfassungsorgane(n) (keine Kündigung bis einschließlich ein Jahr nach Beendigung der Amtszeit, § 15 KSchG, § 103 BetrVG),

- freiwillig Wehrdienstleistende (keine Kündigung ab Zustellung des Einberufungsbescheids bis zur Beendigung des Grundwehrdienstes sowie während einer Wehrübung, § 2 ArbPlSchG).

Formen der Kündigung

Bei Kündigungen wird grundsätzlich zwischen der ordentlichen (fristgerechten) und der außerordentlichen (fristlosen) Kündigung unterschieden.

Ordentliche Kündigung

Eine ordentliche (fristgerechte) Kündigung ist eine Kündigung unter Einhaltung der gesetzlichen, tarifvertraglichen oder arbeitsvertraglichen Kündigungsfrist. Sie bedarf der Schriftform. Die gesetzliche Grundkündigungsfrist beträgt vier Wochen zum Fünfzehnten oder zum Ende des Kalendermonats. Die Frist bleibt für den Arbeitnehmer stets gleich, erhöht sich aber für den Arbeitgeber je nach Beschäftigungsdauer (siehe folgende Tabelle) auf bis zu sieben Monate (vgl. § 622 Abs. 1 u. 2 BGB).

Bei einer im Arbeitsvertrag oder im geltenden Tarifvertrag vereinbarten Probezeit kann längstens für die Dauer von sechs Monaten mit zweiwöchiger Frist gekündigt werden. Im Arbeitsvertrag können auch längere Fristen für die Kündigung durch den Arbeitnehmer vereinbart werden, sie dürfen aber jeweils die für den Arbeitgeber geltende Frist nicht übersteigen (vgl. § 622 Abs. 3 u. 6 BGB).

Beschäftigungsdauer des Arbeitnehmers	Kündigungsfrist für Arbeitgeber	Kündigungszeitpunkt
Probezeit (max. sechs Monate)	zwei Wochen	jeden Tag
bis zu zwei Jahre	vier Wochen	15. oder Monatsende
zwei bis vier Jahre	ein Monat	Monatsende
fünf bis sieben Jahre	zwei Monate	Monatsende
acht bis neun Jahre	drei Monate	Monatsende
zehn bis elf Jahre	vier Monate	Monatsende
zwölf bis vierzehn Jahre	fünf Monate	Monatsende
fünfzehn bis neunzehn Jahre	sechs Monate	Monatsende
zwanzig Jahre und mehr	sieben Monate	Monatsende

Kündigungsfristen

Wenn der Arbeitnehmer Kündigungsschutz genießt, muss die ordentliche Kündigung sozial gerechtfertigt sein (§ 1 KSchG). Dies ist der Fall, wenn sie begründet werden kann mit:

- dem Verhalten des Arbeitnehmers (verhaltensbedingte Kündigung),

- der Person des Arbeitnehmers (personenbedingte Kündigung),

- dringenden betrieblichen Erfordernissen (betriebsbedingte Kündigung).

Beispiel: Kündigung im Sanierungsfall

Der Chef einer Großwäscherei begründet die Änderungskündigung eines Arbeitnehmers mit Sanierungsbedarf. Sein Änderungsangebot sieht eine Entgeltkürzung vor. Gleichzeitig möchte der Chef, wenn er schon einmal dabei ist, gleich noch ein paar andere Dinge korrigieren. In der Änderungskündigung führt er neu einen Widerrufsvorbehalt für das Weihnachtsgeld ein und ändert auch die Arbeitszeiten. Da der Sanierungseffekt dieser Änderungen nicht ersichtlich ist, ist die Änderungskündigung insgesamt angreifbar.

Checkliste: Was sind rechtssichere Gründe für eine ordentliche Kündigung?

- Liegt ein nachweisbarer Auftrags- und damit verbundener Umsatzrückgang vor?

- Werden der Betrieb stillgelegt oder wichtige Teile outgesourct?

- Ist der Arbeitgeber aus betrieblichen Gründen wie z.B. einem Nachfragerückgang gezwungen, die anfallende Arbeit auf weniger Arbeitskräfte zu verteilen, um Überkapazitäten abzubauen?

- Gibt es keine alternative Beschäftigungsmöglichkeit für den zu kündigenden Mitarbeiter im Betrieb?

- Stört der Mitarbeiter nachhaltig den Betriebsfrieden, sodass der Produktionsablauf oder die geordnete Zusammenarbeit massiv beeinträchtigt werden?

- Hat der Arbeitnehmer sich des Mobbings schuldig gemacht?

- Hat er Vorgesetzte oder Kollegen beleidigt oder beschimpft?

- Ist der Arbeitnehmer wiederholt und trotz Abmahnung zu spät zur Arbeit gekommen oder hat er wiederholt unentschuldigt gefehlt?

- Hat der Arbeitnehmer das Internet während der Arbeit in einem Ausmaß genutzt, von dem er nicht annehmen konnte, dass es trotz Erlaubnis zur privaten Nutzung vom Arbeitgeber gebilligt wird?

- Führt der Arbeitnehmer trotz Abmahnung eine Vielzahl seiner Privattelefonate während der Arbeitszeit?

- Hat ein Arbeitnehmer trotz wiederholter Abmahnung gegen das betriebliche Rauchverbot verstoßen?

- Ist er trotz vertraglichem Verbot einer Nebenbeschäftigung nachgegangen oder leidet seine Haupttätigkeit darunter?

- Weigert er sich beharrlich und wissentlich, eine arbeitsvertraglich geschuldete Leistung zu erbringen?

- Arbeitet der Arbeitnehmer nachweislich deutlich unter seinem persönlichen Leistungsvermögen?

- Hat er wiederholt trotz Abmahnung gegen ein betriebliches oder gesetzliches Alkohol- oder Drogenverbot verstoßen?

- Hat er versäumt, dem Arbeitgeber eine bestehende Erkrankung und ihre voraussichtliche Dauer trotz mehrfacher Abmahnung mitzuteilen?

- Liegt der Verdacht wegen einer strafbaren Handlung gegen den Arbeitnehmer vor?

- Kann er aufgrund persönlich, fachlich oder körperlich fehlender Eignung seinen arbeitsvertraglichen Pflichten nicht nachkommen?

Abmahnung

Bevor eine verhaltensbedingte Kündigung ausgesprochen werden kann, muss der Arbeitgeber einen Arbeitnehmer bei Pflichtverletzungen abmahnen, um ihm zu ermöglichen, sein Verhalten zu ändern und so seinen Arbeitsplatz zu erhalten. Die Abmahnung ist gesetzlich nicht geregelt. Sie dient dazu, die Kündigung vorzubereiten. Ebenfalls nicht geregelt ist, wie viele Abmahnungen ausgesprochen werden müssen, bevor gekündigt werden kann. Für die Abmahnung ist auch keine besondere Form vorgesehen. Sie sollte aber aus Dokumentations- und Nachweiszwecken stets schriftlich erteilt und – mit Zugangsbestätigung durch den Arbeitnehmer – in die Personalakte aufgenommen werden.

> Dem Arbeitnehmer steht ggf. ein gerichtlich durchsetzbarer Anspruch zu, die Abmahnung zurückzunehmen und aus der Personalakte zu entfernen. Er kann aber auch nur eine Gegendarstellung verfertigen und zur Personalakte nehmen lassen.

Außerordentliche Kündigung

Die außerordentliche (fristlose) Kündigung des Arbeitgebers kann nur auf Gründe gestützt werden, die sich konkret nachteilig auf das Arbeitsverhältnis auswirken. Dabei muss für eine außerordentliche Kündigung ein so wichtiger Grund vorliegen, dass die Weiterführung des Arbeitsverhältnisses nicht einmal mehr bis zum Ablauf der regulären Kündigungsfrist zugemutet werden kann (§ 626 Abs. 1 BGB). Anerkannte wichtige Gründe sind in aller Regel verhaltensbedingte Kündigungsgründe, wie z.B. Straftaten im Betrieb, grobe Beleidigungen des Arbeitgebers oder von Vorgesetzten, sexuelle Belästigung am Arbeitsplatz, schwere Verstöße gegen die betriebliche Ordnung, massive Verletzung von Sicherheitsvorschriften.

Auch bei einer außerordentlichen Kündigung ist grundsätzlich zu prüfen, ob eine Abmahnung als milderes Mittel nicht ausreichend wäre, den Arbeitnehmer wieder zu vertragsgemäßem Verhalten anzuhalten. Sind die Verfehlungen aber schwerwiegend oder ist eine Abmahnung aussichtslos, kann der Arbeitgeber auch ohne Abmahnung kündigen.

> Die fristlose Kündigung muss dem Arbeitnehmer innerhalb von zwei Wochen zugegangen sein, nachdem der Arbeitgeber Kenntnis vom Kündigungsgrund erlangt hat (§ 626 Abs. 2 BGB). Sie wird mit ihrem Zugang wirksam. Auch der Betriebsrat muss innerhalb dieser Zwei-Wochen-Frist angehört werden.

Beteiligung des Betriebsrates

In mitbestimmten Betrieben ist vor jeder Kündigung der Betriebsrat zu hören. Geschieht dies nicht ordnungsgemäß, ist allein aus diesem Grund die Kündigung unwirksam (vgl. § 102

Abs. 1 BetrVG). Dies gilt für die ordentliche und außerordentliche Kündigung, die Kündigung während der Probezeit sowie die Änderungskündigung.

Der Arbeitgeber muss dem Betriebsrat alle für die Kündigung maßgeblichen Gründe mitteilen und den Sachverhalt so darlegen, dass der Betriebsrat keine eigenen Nachforschungen anstellen muss, um die Stichhaltigkeit der Gründe zu überprüfen. Der Betriebsrat kann:

- der Kündigung zustimmen,
- auf eine Stellungnahme verzichten,
- Bedenken äußern,
- der Kündigung widersprechen.

Schweigt der Betriebsrat zu einer Kündigung, so gilt die Zustimmung bei einer ordentlichen Kündigung nach einer Woche, bei einer außerordentlichen Kündigung nach drei Tagen als erteilt. Der Betriebsrat muss seine Bedenken oder seinen Widerspruch schriftlich mitteilen und begründen.

Der Arbeitgeber kann die Kündigung auch bei einem Widerspruch des Betriebsrats aussprechen. Betreibt der gekündigte Arbeitnehmer daraufhin eine Feststellungsklage, muss er in den meisten Fällen bis zum rechtskräftigen Abschluss des Rechtsstreits weiterbeschäftigt werden (§ 102 Abs. 5 BetrVG).

> Da der Arbeitgeber im Prozess darlegungs- und beweispflichtig ist, wenn eine ordnungsgemäße Anhörung des Betriebsrates bestritten wird, sollte sie immer ausführlich schriftlich erfolgen.

Was bei der Zeugniserstellung zu beachten ist

Der Arbeitnehmer hat bei Beendigung eines Arbeitsverhältnisses Anspruch auf ein schriftliches Zeugnis. Das Zeugnis muss mindestens die Personalien sowie Angaben zu Art und Dauer der Beschäftigung (einfaches Zeugnis) enthalten. Der Arbeitnehmer kann verlangen, dass sich die Angaben darüber hinaus auf Leistung, Qualifikation und dienstliches Verhalten im Arbeitsverhältnis (qualifiziertes Zeugnis) erstrecken (vgl. § 109, Abs. 1 u. 2 Gewerbeordnung). Das Arbeitszeugnis kann eine Empfehlung sein, ist aber kein persönlich gehaltenes Empfehlungsschreiben.

Das Zeugnis muss klar und verständlich formuliert sein. Es darf keine Merkmale oder Formulierungen enthalten, die den Zweck haben, eine andere Aussage über den Arbeitnehmer zu treffen, als aus der äußeren Form oder aus dem Wortlaut ersichtlich ist. Der Arbeitgeber hat das Arbeitszeugnis so zu formulieren, dass es der Leistung des Mitarbeiters gerecht wird und gleichzeitig einem Dritten (beispielsweise einem Personalleiter oder Unternehmer) Informationen über die Qualifikation und Leistung liefert. Es sollte wohlwollend formuliert sein, um dem Arbeitnehmer das „berufliche Fortkommen nicht zu erschweren".

Beispiel: Zeugnis mit versteckter Kritik

Um Kritik am Arbeitnehmer im Zeugnis unauffällig unterzubringen, gibt es mehrere Techniken. Eine davon ist die Leerstellentechnik. Leistungen, mit denen der Arbeitgeber unzufrieden war, werden im Zeugnis einfach weggelassen. Wenn nichts zur Arbeitsbereitschaft des Arbeitnehmers geschrieben wird, weiß der Leser des Zeugnisses, dass es hier Probleme gab.

Oder die Reihenfolgetechnik: Wenn in der Verhaltensbewertung formuliert wird, „sein Umgang mit Kollegen und Vorgesetzten war vorbildlich", dann zeigt das, dass es eben nicht so war – denn eigentlich müssten die Vorgesetzten in dieser Aufzählung an erster Stelle stehen. Das Gleiche gilt bei der Beschreibung der Tätigkeiten. Generell sollten die wichtigen Aufgaben zuerst genannt werden.

Auch die Negationstechnik zählt zu den Möglichkeiten, um versteckte Kritik auszudrücken. Indem Negativbegriffe verneint werden, entsteht zwar ein positiver Eindruck, geäußert wird dadurch aber Kritik: „Sein Verhalten war tadellos" meint etwas anderes als „Sein Verhalten war vorbildlich".

Daneben gibt es sogenannte Geheimcodes, denen eine negative Aussage zugeschrieben wird. Sätze wie „Er war ein anspruchsvoller und kritischer Mitarbeiter" bedeuten demnach, es handelt sich um einen Nörgler. Im Gesamtkontext eines Zeugnisses muss eine solche Aussage aber nicht zwangsläufig negativ sein.

Anspruch auf ein Zeugnis haben auch leitende Angestellte (nach § 5 Abs. 3 BetrVG), Teilzeitkräfte, Aushilfen, Beschäftigte mit befristeten Arbeitsverträgen, Praktikanten und Zivildienstleistende. Auszubildende haben einen Anspruch nach § 16 Abs. 1 Berufsbildungsgesetz.

Der Arbeitnehmer muss das Zeugnis ausdrücklich verlangen. Es wird in der Regel mit dem Ende des Arbeitsverhältnisses fällig. Ein Arbeitnehmer kann schon beim Zugang der Kündigung oder bei Eigenkündigung ein vorläufiges Zeugnis verlangen. Wird ein Aufhebungsvertrag geschlossen, kann die Fälligkeit der Zeugniserstellung durch eine entsprechende Klausel festgelegt werden.

Die Zeugniserstellung ist im Einzelfall mitbestimmungsfrei. Allerdings hat der Betriebsrat nach § 94 Abs. 2 Betriebsverfassungsgesetz ein Mitbestimmungsrecht bei den Beurteilungsgrundsätzen. Es bleibt dem Arbeitnehmer aber unbenommen, den Betriebsrat, die Gewerkschaft oder den Personalrat überprüfen zu lassen, ob das vom Arbeitgeber ausgestellte Zeugnis den Anforderungen genügt.

Personalplanung

Die Personalplanung ist ein wichtiger Teil der Unternehmensplanung. Sie muss dafür sorgen, dass dem Unternehmen heute und künftig alle Mitarbeiter zur Verfügung stehen, die es zum Erreichen seiner Ziele benötigt. Zu ihren Aufgaben gehört insbesondere, diese Mitarbeiter in der richtigen Qualität und Quantität, zur richtigen Zeit, am richtigen Ort, zu geplanten Kosten und Kostenverläufen bereitzustellen.

In diesem Kapitel lesen Sie,

- welche Ziele die Personalplanung hat,
- welche Planungsschritte es zu beachten gilt,
- wie Bedarf und Bestand analysiert werden können und
- wie Sie Ihr Personal optimal einsetzen.

Was die Personalplanung leisten muss

So wie die Unternehmensplanung aus der Unternehmensstrategie muss die Personalplanung aus der Personalstrategie abgeleitet werden, sonst bleibt ihre Wirkung als operatives Instrument beschränkt. Ihr Ziel ist es, zu identifizieren, welche personalwirtschaftlichen Maßnahmen erforderlich sind. Ferner muss sie die Maßnahmen transparent darstellen und zum rechten Zeitpunkt einleiten.

Sie liefert damit die notwendigen Vorgaben, um den Faktor Arbeit unter Berücksichtigung der Kosten für das Unternehmen zu sichern. Absehbaren und unsicheren Veränderungen in der Zukunft soll mit der Personalplanung Rechnung getragen werden. Sie ermittelt frühzeitig die Anforderungen, denen das Personal jetzt und zukünftig genügen muss, und legt entsprechende Maßnahmen fest. Mit der erfolgreichen Umsetzung der Maßnahmen garantiert sie, dass zu jedem Zeitpunkt das erforderliche Personal bezüglich Qualität und Quantität am richtigen Ort zur Verfügung steht.

Personal- und Unternehmensplanung

Personalplanung verfolgt je nach Zielsetzung unterschiedliche Zeithorizonte:

- Die strategische Planung ist langfristig und eher visionär angelegt und betrachtet einen Zeitraum von drei bis fünf Jahren.

- Die operative Planung ist kurz- (bis ein Jahr) bzw. mittelfristig (ein bis drei Jahre) angelegt und führt zu direkten personalwirtschaftlichen Maßnahmen.

Generell sollte sich die Planungsfrequenz nach der konkreten Situation richten. Sie hängt unter anderem von der Art der Unternehmung, der Situation am Arbeitsmarkt, Kriterien der Mitarbeiterstruktur (z.B. Qualifikation, Alter) und der Planungsfrequenz anderer Unternehmensbereiche ab.

> Selbst halbjährliche Planungen können im Einzelfall zu lang sein, um den sich verändernden Bedingungen gerecht zu werden. In diesen Fällen bietet sich eine quartalsweise Frequenz an. Dabei geht es nicht darum, die Planungen komplett neu aufzustellen, sondern die Pläne zu aktualisieren, z.B. in Hinblick auf Kündigungen durch Mitarbeiter, beantragte Erziehungsurlaube etc.

Planung kann nur dann helfen, ein Unternehmen zu steuern, wenn die Planungsinstrumente einerseits ziel- und strategieorientiert eingesetzt werden, andererseits die Ergebnisse systematisch kontrolliert werden und zum dritten quantifizierbare Planungsgrößen in einem ausgewogenen Verhältnis zu qualitativen „weichen" Faktoren stehen.

Steht ein Unternehmen vor der Einführung einer systematischen Personalplanung, stellt sich zunächst die Frage, ob die Personalplanung zentral oder dezentral organisiert werden soll. Bei einer zentralen Umsetzung gibt die Personalarbeit die Planung vor, während bei einer dezentralen Vorgehensweise die einzelnen Teilbereiche des Unternehmens die Planung übernehmen und an die Personalabteilung weitergeben. Welcher Ablauf für welches Unternehmen am besten geeignet ist, richtet sich im Einzelfall nach der Art und Struktur des Unternehmens.

Bei der Einführung ist auch die Zusammenarbeit mit dem Betriebsrat zu prüfen. § 92 BetrVG besagt unter anderem, dass der Arbeitgeber den Betriebsrat über die Personalplanung „rechtzeitig und umfassend" informieren und sich mit ihm über nötige Maßnahmen beraten muss. Der Betriebsrat kann ferner dem Arbeitgeber Vorschläge zur Ein- und Durchführung einer Personalplanung unterbreiten.

Welche Faktoren die Personalplanung bestimmen

Die Personalplanung bestimmt sich in erster Linie durch das angestrebte Leistungsvolumen des Unternehmens (Produktivität), das gewünschte qualitative Leistungsniveau, die Terminierung der zu erbringenden Leistungen und weitere Aspekte, die ja nach der Art des Unternehmens variieren. Diese Aspekte werden durch die Unternehmensplanung definiert.

Interne Faktoren

Bei den internen Faktoren sind zunächst statistische Größen im Hinblick auf den Personalbestand zu berücksichtigen: Qualifikation und Alter, Fehlzeiten und Fluktuation im Unternehmen. Darüber hinaus ist der Input aus anderen Bereichen des Unternehmens, wie etwa der Produktions- und Absatzplanung sowie der Investitions- und Finanzplanung zu berücksichtigen.

Beispiel: Personalplanung und Absatzsteigerung

Ein Reifenhersteller plant verstärkte Marketingmaßnahmen um den Absatz seiner Winterreifen zu steigern. Die angestrebte Produktionssteigerung erfordert die Einstellung zwanzig neuer Produktionsarbeiter. Ohne eine vorausschauende Personalplanung, die die geplante Absatz- und Produktionssteigerung berücksichtigt, können die erforderlichen Produktionsarbeiter nicht rechtzeitig beschafft werden.

Externe Faktoren

Auf der anderen Seite sind die externen Faktoren zu beachten. Beispiele hierfür sind die gesamtwirtschaftliche Situation, die Arbeitsmarktsituation, die Bildungssituation, branchenspezifische Entwicklungen oder auch Veränderungen in der Gesetzgebung.

Demografische Entwicklung

Auch die Veränderungen in der Altersstruktur einer Gesellschaft haben natürlich Auswirkungen auf die Personalplanung. Unternehmen müssen sich in ihrer Personalplanung darauf einstellen, dass die Fachkräfte knapper werden und die Belegschaften altern. Für den planerischen Umgang mit diesen Auswirkungen hat sich der Begriff Demografiemanagement als Teilaufgabe des Personalmanagements etabliert.

Für das Demografiemanagement im Betrieb sind unter anderem folgende Handlungsfelder relevant:

- **Entwicklung steuern:** Eine altersgerechte Betriebs- und Personalpolitik versucht einerseits, die Altersstruktur im Betrieb gezielt zu steuern. Andererseits gestaltet sie die Arbeitsbedingungen so, dass sie die Kompetenzen der älteren wie der jüngeren Beschäftigten fördert und Defizite berücksichtigt – z.B., indem das Unternehmen für einen systematischen Wissenstransfer zwischen Jung und Alt sorgt und so Erfahrung und Know-how im Unternehmen hält.

- **Erfahrungen Älterer nutzen:** Künftig wird es verstärkt darauf ankommen, die Erfahrungen älterer Mitarbeiter länger zu nutzen bzw. älteren Bewerbern bei der Einstellung eine Chance zu geben. Ebenso gilt es, Gesundheit, Kompetenz und Motivation bei den Arbeitskräften mittleren Alters zu erhalten. Altersgerechte Arbeitsbedingungen, Gesundheitsförderung, Wissenstransfer zwischen Alt und Jung sowie berufliche Weiterbildungsangebote für Ältere sind wichtige Ansatzpunkte.

- **Frauen stärker beteiligen:** Für den wirtschaftlichen Erfolg ist es ebenso wichtig, Frauen stärker am Erwerbsleben zu beteiligen. Die Vereinbarkeit von Familie und Beruf ist dabei eine Schlüsselgröße (siehe Kapitel „Work-Life-Balance"). Flexible Arbeitszeiten, gute Bedingungen für den Wiedereinstieg in den Beruf sowie Kinderbetreuungsangebote gewinnen damit an Bedeutung.

- **Weiterbildung aktiv betreiben:** Bei älter werdenden Belegschaften ist lebenslanges Lernen ein zentrales Element vorausschauender Personalentwicklung. Regelmäßige Weiterbildung wird damit immer wichtiger. Davon profitieren die Mitarbeiter ebenso wie das Unternehmen.

- **Nachfolge rechtzeitig regeln:** Nicht nur die Belegschaften werden älter, sondern auch die Unternehmer selbst altern. Umso wichtiger ist es, rechtzeitig nach einem Nachfolger Ausschau zu halten und die Übernahme gründlich zu planen.

Effiziente Personalplanung in sechs Schritten

1 Im ersten Schritt wird ermittelt, wie viel Personal welcher Qualifikation wann und wo benötigt wird, um den gewünschten Leistungsstandard zu decken. Dafür wird der Bruttobedarf aller erforderlichen Mitarbeiter zu einem Zeitpunkt t quantitativ und qualitativ ermittelt.

2 Im nächsten Schritt wird der Bruttobedarf mit dem fortgeschriebenen Personalbestand zum betrachteten Zeitpunkt t abgeglichen. Auch der Personalbestand muss dabei nicht nur zahlenmäßig, sondern auch qualitativ hinterfragt werden.

3 Aus dem Personalbestand am Ende der Planungsperiode und den damit verbundenen Personalkosten ergibt sich der Einsatzbedarf. Da aber grundsätzlich nicht immer alle Mitarbeiter auch einsatzbereit sind, sondern aufgrund von Saison, Urlaub, Krankheit, Weiterbildung, Mutterschutz und Freischichten fehlen können, kommt zum Einsatzbedarf ein Reservebedarf hinzu. Die Formel für den Bruttobedarf lautet also: Bruttobedarf = Einsatzbedarf + Reservebedarf.

4   Die Differenz aus Bruttobedarf zum Zeitpunkt *t* und dem fortgeschriebenen Personalbestand zum Zeitpunkt *t* ergibt den Nettobedarf. Dieser setzt sich aus einem Ersatzbedarf und einem Zusatzbedarf zusammen.

5   Mithilfe des Nettobedarfplans werden notwendige Anpassungen des Personals in Form von Personalbeschaffungs-, Personalentwicklungs- und/oder Personalfreisetzungsmaßnahmen ersichtlich.

6   Ist der Nettobedarf negativ, besteht ein Personalmangel. Bis zum Zeitpunkt *t* müssen also neue Mitarbeiter eingestellt werden. Ist der Nettobedarf dagegen positiv, herrscht ein Überhang an Personal. Um Kosten effizient zu gestalten, muss Personal abgebaut werden.

Personalbedarfsanalyse – wer wird wann gebraucht?

Solange nicht klar ist, welche Anforderungen die Mitarbeiter – sowohl in ihrer Gesamtheit als auch einzeln – erfüllen müssen, können entsprechenden Maßnahmen nicht eingeleitet werden. Die Personalbedarfsanalyse hat die Aufgabe, diese Anforderungen zu definieren.

Strategische Personalbedarfsplanung

Die Personalbedarfsplanung ist die wichtigste Nahtstelle zu den anderen Bereichen der Unternehmensplanung. Plötzliche, überraschend notwendig gewordene Anpassungen des Personalbestands, die in der Regel mit hohen Kosten verbunden sind, werden durch die Personalbedarfsplanung bereits im Vorfeld ausgeräumt.

Mit der Bedarfsplanung eng verbunden ist die Arbeitsmarktbeobachtung und -analyse. Sie ist vor allem für die Deckung des längerfristigen Personalbedarfs relevant. Zudem identifiziert sie die Abhängigkeit des Unternehmens von externen Entwicklungen, die durch eigene Ausbildungs- und Qualifizierungsmaßnahmen verringert werden kann.

Die Personalbedarfsplanung hat vier Dimensionen:

- Die Anzahl der benötigten Mitarbeiter (quantitative Dimension).

- Die Qualifikationen der benötigten Mitarbeiter (qualitative Dimension).

- Der Zeitpunkt, zu dem diese Mitarbeiter benötigt werden (zeitliche Dimension).

- Der Ort, an dem diese Mitarbeiter benötigt werden (räumliche Dimension).

Alle vier Dimensionen müssen gleichermaßen berücksichtigt werden, sind aber nur mit unterschiedlichen Methoden planbar. Sie können in verschiedenem Maße durch kurzfristige Ersatzmaßnahmen ausgeglichen werden und sind in unterschiedlicher Weise von internen und externen Faktoren abhängig.

Verfahren der Bedarfsplanung

Um den quantitativen und qualitativen Personalbedarf zu ermitteln, gibt es mehrere Methoden. Es hängt von verschiedenen Faktoren ab, welche Methoden zum Einsatz kommen sollen.

Quantitativer Bedarf

Bei übersichtlichen Problemstellungen kann das einfache Schätzen des zukünftigen Bedarfs durchaus effizient sein. Schätzverfahren sind zwar relativ ungenau, werden aber in kleinen und mittleren Unternehmen häufig angewendet. Sie basieren auf Erfahrungswerten von Führungskräften, etwa zu benötigten Mitarbeiterzahlen, Fluktuationsraten oder Fehlzeiten. Auch externe Fachleute wie Unternehmensberater können in diesen Prozess einbezogen werden.

Monetäre Methoden wie die Budgetierung oder die Gemeinkostenwertanalyse gehen einen ganz anderen Weg. Die Budgetierung leitet den quantitativen Personalbedarf aus den zur Verfügung stehenden finanziellen Mitteln ab. Die Summe der Lohnkosten bestimmt den Personalbedarf. Die Gemeinkostenwertanalyse unterzieht alle Leistungen und Strukturen des Unternehmens einer kritischen Prüfung, formuliert ein Einsparungsvolumen, prüft und bewertet die erforderlichen Maßnahmen auf Realisierbarkeit und Wirksamkeit und setzt diese Planung um.

Die Stellenplanmethode bedient sich der Stellenbesetzungspläne und Stellenbeschreibungen eines Unternehmens (siehe Kapitel „Mitarbeiterentwicklung"). Beide werden für die Planung kontinuierlich überprüft und aktualisiert.

Arbeitswissenschaftliche Verfahren der Personalbemessung schließlich kommen bei einem festen Verhältnis von Arbeitsmenge zu Arbeitszeit zum Einsatz. Sie werden insbesondere im produzierenden Gewerbe und in der Verwaltung angewandt, immer dann, wenn zu einer bestimmten Arbeitsmenge auch die erforderliche Arbeitszeit bestimmt werden kann. Erfahrungswerte oder arbeitswissenschaftliche Methoden liefern dabei die benötigten Zahlen.

Auch Kennzahlen und Kennzahlensystem können zur Ermittlung des Personalbedarfs eingesetzt werden (siehe Kapitel „Personalcontrolling").

Qualitativer Bedarf

Unabhängig vom quantitativen Personalbedarf müssen auch die qualitativen Bedarfslücken entdeckt werden. Es geht darum, Schwächen in der Mitarbeiterstruktur zu bestimmen, um sie per Nachqualifizierung oder Neueinstellung auszuräumen. Als Ausgangsbasis für diesen Prozess können Stellenbeschreibungen dienen: Sie halten fest, welche Aufgaben mit einer Stelle verbunden sind (siehe Kapitel „Mitarbeiterentwicklung").

Mithilfe der Anforderungsanalysen hingegen lassen sich die Anforderungen einer Stelle an einen potenziellen oder den bestehenden Stelleninhaber formulieren. Dabei wird untersucht, über welche Kenntnisse, Fähigkeiten und Eigenschaften der Stelleninhaber verfügen muss, um die in der Stellenbeschreibung festgehaltenen Aufgabenbereiche erfüllen zu können. Empfehlenswert ist dabei die enge inhaltliche Abstimmung zwischen der Personalabteilung und den Fachbereichen, in denen die Stellen angesiedelt sind. Die Anforderungsanalyse mündet letztlich in ein Anforderungsprofil für die betrachtete Stelle.

> Alle Personalbedarfsplanungen sind wertlos, wenn der von den Abteilungen angemeldete Personalbedarf unkonkrete Angaben zu Zeitpunkt, Dauer und Ort sowie Qualifikationsniveau des Bedarfs enthält. Zeitliche Angaben bestimmen die rechtzeitige Beschaffung und Auswahl, während Qualifikationsangaben die notwendige Entwicklung, Ortsangaben die Verfügbarkeit und Möglichkeit einer internen Versetzung aufzeigen.

Personalbestandsanalyse – wie ist der Status quo?

Hat man den Bedarf an Mitarbeitern ermittelt, ist bereits ein wichtiger Schritt getan. Um aber herauszufinden, ob Handlungsbedarf besteht, müssen die Ergebnisse mit dem Personalbestand verglichen werden. Da sich die Planungen auf einen zukünftigen Zeitpunkt beziehen und sie den Personalbedarf für einen zukünftigen Stichtag ermitteln, muss auch der Personalbestand in die Zukunft fortgeschrieben werden. Ergibt sich ein Veränderungsbedarf, kann dieser mit entsprechenden Anpassungsmaßnahmen gedeckt werden.

Erfassen des Personalbestands

In einem Stellenplan werden die Informationen über – benötigte und genehmigte – Stellen im Unternehmen zusammengetragen. Diese werden nach sinnvollen Kriterien in Bereiche oder Abteilungen gegliedert. Der Stellenbesetzungsplan liefert ergänzend die konkreten Namen der Mitarbeiter, die die Stellen innehaben. Zusätzlich können hier die jeweiligen Stellvertreter bei Urlaub oder im Krankheitsfall aufgenommen werden.

Um den Bestand des Personals in Zahlen zu erfassen, ist zunächst festzulegen,

- ob jeder Arbeitnehmer als eine Person erfasst wird oder ob Beschäftigte, wie z. B. Teilzeitkräfte, nur anteilsmäßig berücksichtigt werden,

- wie Sonderfälle in die Erfassung einfließen sollen. Hierzu zählen z. B. Zeitarbeiter, Mitarbeiter im Erziehungsurlaub oder Mitarbeiter, die über einen längeren Zeitraum krank geschrieben sind.

Welche Faktoren die Fortschreibung bestimmen

Im Lauf der Zeit verändert sich der Personalbestand: Mitarbeiter kündigen, gehen in Erziehungsurlaub oder arbeiten nur noch in Teilzeit. Andere Personalveränderungen werden vom Unternehmen selbst initiiert: z. B. eine Kündigung durch den Arbeitgeber, die Neueinstellung eines Mitarbeiters, eine Versetzung, Beförderung oder eine Pensionierung. Dementsprechend muss also der Personalbestand in die Zukunft fortgeschrieben werden.

Während die selbst initiierten Veränderungen bekannt sind und direkt in den Planungsprozess und den Stellenbesetzungsplan einfließen können, treten andere Veränderungen überraschend auf, z. B. im Krankheitsfall. Auch Fluktuation, also das Ausscheiden eines Mitarbeiters, soweit es nicht der Arbeitgeber initiiert, ist nicht planbar und birgt Kosten für das Unternehmen.

Den Leistungsstand feststellen

Im Rahmen der Personalbestandsanalyse wird außerdem untersucht, über welche Kenntnisse und Fähigkeiten die Mitarbeiter verfügen. Das Leistungspotenzial eines Mitarbeiters gibt Auskunft darüber, welche Leistungen er bei gegebenen Arbeitsbedingungen erbringen kann. In diesem Zusammenhang wird zwischen dem eingesetzten und dem versteckten Potenzial unterschieden. Bei verstecktem Potenzial kann es sich um Fähigkeiten handeln, die bei einer Tätigkeit noch nicht angewenndet werden, oder um noch nicht vorhandene Fähigkeiten, die der Mitarbeiter aber aufgrund seiner individuellen Voraussetzungen im Rahmen von Personalentwicklungsmaßnahmen erlernen könnte.

Beispiel: Verstecktes Potenzial

Ein Lagerarbeiter stapelt mit seinen Händen Kisten (eingesetztes Potenzial). Er verfügt allerdings über einen Führerschein für einen Gabelstapler, wird aber nicht als Fahrer eingesetzt (verstecktes, vorhandenes Potenzial). Der Arbeiter könnte – hätte er einen Lkw-Führerschein – auch anfallende Kurztransporte übernehmen (verstecktes, aber noch nicht vorhandenes Potenzial).

Das Eignungsprofil eines Mitarbeiters hilft bei der richtigen Planung und wird erstmalig im Rahmen seiner Einstellung erstellt. Hier werden Fähigkeiten und Kenntnisse detailliert aufgeführt.

Durch einen Abgleich des Anforderungsprofils der Stelle mit dem Eignungsprofil eines (potenziellen) Mitarbeiters kann schließlich untersucht werden,

- ob der aktuelle Stelleninhaber die Stelle auch optimal ausfüllt oder ob ein Nachqualifizierungs- oder Versetzungsbedarf besteht,
- welche Voraussetzungen ein potenzieller Stelleninhaber für eine vakante Stelle mitbringen muss.

Eignungsprofile sollten alle relevanten Merkmale des betreffenden Mitarbeiters aufführen, wie

- fachliche Kenntnisse (z.B. Ausbildung und Abschlüsse, erworbene Zusatzzertifikate, Fremdsprachen),
- geistige Fähigkeiten (z.B. Auffassungsgabe, Gedächtnisleistung),
- physische Fähigkeiten (z.B. Belastbarkeit, Schnelligkeit, Motorik),
- psychische Fähigkeiten (z.B. Stressresistenz, Motivation) sowie
- soziale Fähigkeiten (z.B. Führungskompetenz, Kommunikationsfähigkeit).

Das Eignungsprofil muss in regelmäßigen Abständen aktualisiert werden.

> Bei der Aufstellung von Beurteilungsgrundsätzen haben Betriebs- und Personalräte Mitbestimmungsrechte nach § 94 BetrVG bzw. § 75 und 76 des Bundespersonalvertretungsgesetzes.

Checkliste: Ist Ihre Personalplanung optimierungs-bedürftig?

- Sind in allen Unternehmensbereichen nicht mehr und nicht weniger Mitarbeiter tätig als nötig?

- Arbeiten Sie mit Kennzahlen, die Aufschluss über den Bedarf an Mitarbeitern geben (Umsatz, Arbeitsmenge oder Kundenanzahl je Mitarbeiter)?

- Wird die Qualifizierung Ihrer Mitarbeiter in Rahmen von Beurteilung- und Fördermaßnahmen ausreichend in die Personalplanung einbezogen?

- Werden Nachfrageschwankungen durch eine flexible Personaleinsatzplanung – auch in wirtschaftlicher Hinsicht – effizient abgefedert?

- Sind die vorhandenen Stellen Ihres Unternehmens in einem Stellenplan erfasst?

- Sind den Stellen die jeweiligen Mitarbeiter in Form eines Stellenbesetzungsplans zugeordnet?

- Existieren Beschreibungen zu jeder Stelle?

- Werden Anforderungsprofile bei der Besetzung von Stellen genutzt?

- Werden die Leistungen und Fähigkeiten der Mitarbeiter in einem Eignungsprofil festgehalten?

- Liegen schriftliche Beurteilungen von Weiterbildungs-veranstaltungen vor?

- Führen Sie einheitliche Statistiken zum Personalbestand, der Personalstruktur, zu Löhnen und Gehältern sowie zu Arbeitszeiten?

Personaleinsatzplanung – die Mitarbeiter effizient einsetzen

Die Personaleinsatzplanung ordnet die im Unternehmen vorhandenen Mitarbeiter konkreten Aufgaben und Positionen zu. In der Regel resultiert der Stellenbesetzungsplan bereits aus der Personalbedarfsplanung. Darüber hinaus legt die Einsatzplanung fest, wie jeder Mitarbeiter zeitlich und räumlich eingesetzt wird. Die Aufgaben und Erfolgskriterien der kurzfristigen Personaleinsatzplanung lassen sich folgendermaßen beschreiben:

- Die Bedarfsdeckung beschreibt, inwieweit die Einsatzplanung einen minimalen Personalbedarf erfüllt und eine ausgeglichene Arbeitsbelastung erreicht.

- Durch eine anforderungs- und eignungsgerechte Besetzung können Änderungen des Arbeitsablaufs, der technischen Ausstattung und der betrieblichen Organisation ausgeglichen werden.

- Projekte werden anforderungs- und eignungsgerecht besetzt.

- Auf Engpässe oder Bedarfsschwankungen wird ebenso flexibel reagiert wie absehbare Freistellungen aufgefangen und durch Urlaub und Krankheit entstehenden Fehlzeiten ohne Beeinträchtigung der betrieblichen Leistung austariert werden.

- Fähigkeiten und Arbeitsanforderungen werden kurzfristig durch Qualifizierungsmaßnahmen, Versetzungen oder arbeitsgestalterische Maßnahmen angeglichen.

- Nicht zuletzt macht eine gute Einsatzplanung auch aus, dass der Planungsprozess selbst schnell und kostengünstig durchgeführt werden kann.

Räumliche Organisation der Arbeit

Auch die räumliche Organisation der Arbeit spielt bei der Planung des Personaleinsatzes eine wichtige Rolle – vor allem im Hinblick auf die optimale Nutzung räumlicher Kapazitäten durch die virtuelle Organisation der Arbeit. Generell gilt: Ist das Arbeitsumfeld professionell gestaltet, kann dies die Leistungsbereitschaft und -fähigkeit der Mitarbeiter steigern.

Eine moderne Möglichkeit der räumlichen Organisation ist die Telearbeit. Die Technik macht es möglich: Mit Internet, Laptop, Handy usw. können viele Tätigkeiten auch außerhalb der Firmenräume ausgeübt werden. Bevor ein Telearbeitsplatz eingerichtet wird, muss aber nicht nur der Arbeitsplatz auf seine Eignung hin untersucht werden, sondern auch der Mitarbeiter, der eingesetzt werden soll.

Zeitliche Organisation der Arbeit

Die Arbeitszeit ist ein weiterer Planungsbereich des Personaleinsatzes: Dabei wird festgelegt, wann, wie lange und wie flexibel die Mitarbeiter innerhalb der durch das Arbeitszeitgesetz gesetzten Grenzen arbeiten (§§ 3, 7, 8, 124 ArbZG, § 124 SGB IX, § 8 ff. JArbSchG). Im Einzelfall wird die Arbeitszeit im Arbeitsvertrag, dem Tarifvertrag oder in der Betriebsvereinbarung geregelt.

> Legt der Arbeitgeber die Arbeitszeit fest, hat der Betriebsrat dabei ein Mitbestimmungsrecht (vgl. § 87 Abs. 1 Nr. 2 BetrVG).

Die Anforderungen an die Steuerung des Personaleinsatzes sind gewaltig gestiegen. Just-in-Time-Produktion, geringe Zeittoleranz der Kunden und schnelle Marktbewegungen führen zu kurzen, unvorhersehbaren Veränderungen und Schwankungen des Besetzungsbedarfs. Selbst mit Mehrschichtsystemen und ausgeweiteten Zeitkonten sind diese Anforderungen kaum mehr zu bewältigen. Es kommt darauf an, die Potenziale und Grenzen der einzelnen Ansätze zu erkennen und den optimalen Mix zu entwickeln (siehe Kapitel „Arbeitszeitmanagement").

Was tun, wenn es Personalengpässe gibt?

Unabhängig von allen planerischen Festlegungen wird gerade in volatilen Märkten oder bei saisonal unterschiedlichen Geschäftsverläufen immer wieder mit Personalengpässen zu rechnen sein. Hier ist in jedem einzelnen Fall zu prüfen, welche der verschiedenen Personalbeschaffungsmethoden zielführend sind. Dazu muss zunächst eine realistische Bestandsaufnahme erfolgen, die klärt

- wie viele Mitarbeiter im fraglichen Zeitraum verfügbar sind,
- welche der anstehenden Projekte zeitkritisch und/oder enorm wichtig sind,
- ob Mitarbeiter anderer Abteilungen aushelfen oder unterstützen können,

- welche Projekte – in Abstimmung mit anderen Abteilungen und Vorgesetzten – zurückgestellt werden können,

- welche sonstigen Ressourcen im Unternehmen aktiviert werden können.

Da diese kurzfristig angelegten Maßnahmen oft aber nur einen „Strohfeuereffekt" haben und zukünftige Personalengpässe nicht verhindern, muss parallel eine Ausgangsbasis für erfolgreiches Gegensteuern geschaffen werden. Die Auswahl der Maßnahmen muss sich dabei nach dem erwarteten Umfang bzw. nach den Prioritäten der festgestellten Personalrisiken richten. Da Maßnahmen sehr unterschiedliche Realisierungs- und Wirkungszeiten haben, bietet sich eine Unterscheidung nach kurz-, mittel- und langfristigen Maßnahmen an. Je nachdem, zu welchem ungefähren Zeitpunkt oder Zeitraum in der Zukunft ein erneuter Personalengpass zu erwarten ist, sollte die Auswahl der einzelnen Maßnahmen nach den Fristen erfolgen.

Arbeitszeitmanagement

Ziel des Arbeitszeitmanagements ist es, Arbeitszeitsysteme zu entwickeln, die den betrieblichen Belangen und den individuellen Mitarbeiterinteressen genügen. Dafür hat der Arbeitgeber zahlreiche Möglichkeiten. Das Arbeitszeitgesetz, die Tarifverträge, die Gewerbeordnungen und die Betriebsvereinbarungen bilden hier den rechtlichen Rahmen.

Von der Einführung eines neuen Arbeitszeitmodells profitieren sowohl das Unternehmen als auch die Mitarbeiter. Deswegen empfiehlt es sich, dass das Management und die Mitarbeiter gemeinsam abwägen, welche Formen und Handlungsalternativen zur Gestaltung der Arbeitszeit zur Verfügung stehen.

In diesem Kapitel lesen Sie,

- welche Grundtypen flexibler Arbeitszeitgestaltung es gibt,
- wie Sie feste und variable Arbeitszeiten sinnvoll voneinander abgrenzen und
- welche Möglichkeiten des Ausgleichs von Zeitguthaben Ihnen zur Verfügung stehen.

Die Arbeitszeit kennt viele Formen

Flexible Arbeitszeitmodelle erlauben eine an die Auftragslage angepasste Arbeitszeitverteilung. Man unterscheidet Modelle mit festen und variablen sowie vollen und reduzierten Arbeitszeiten. Zudem lassen sich Arbeitszeitmodelle nach der Form des Ausgleichs unterteilen: Kurz- und Langzeitkonten werden monetär oder durch Freizeit ausgeglichen. Grundsätzlich sollte bei der Einführung eines Arbeitszeitmodells ein ausgewogenes Verhältnis von Unternehmens- und Mitarbeiterinteressen angestrebt werden.

Es gibt es eine Vielzahl von alternativen Modellen. Sie reichen von sich periodisch ändernder Vollzeitbeschäftigung bis zur klassischen Teilzeitarbeit mit variablem Einsatz und lassen sich folgendermaßen typologisieren:

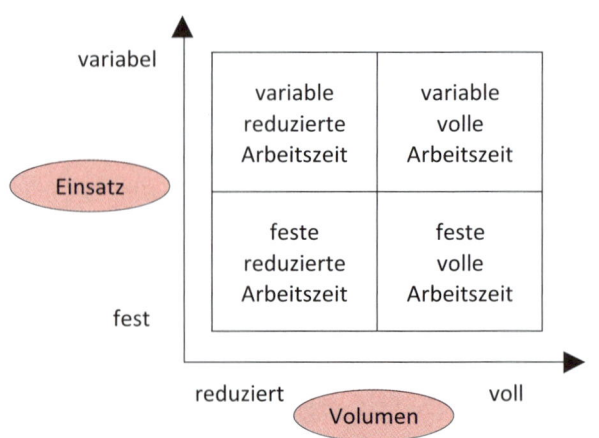

Typologie der Arbeitszeitflexibilisierung

> Häufig werden Flexibilitätsmerkmale wie variable Arbeitszeiten verwechselt oder vermischt mit dem Umfang der Beschäftigung wie beispielsweise Mehr- oder Minderarbeit (Teilzeit- oder Vollzeitarbeit). Eine Variabilisierung der Arbeitszeit ist im Ansatz immer kollektiv, Mehr- oder Minderarbeit individuell auf den einzelnen Arbeitnehmer bezogen.

Besonders wichtig ist es, die Einführung oder Umgestaltung eines flexiblen Arbeitszeitmodells sorgfältig zu planen. Dazu sollten folgende Schritte in der Vorbereitungsphase abgearbeitet werden:

- Ermittlung des durchschnittlichen Kapazitätsbedarfs an Personal,
- Auflistung und Beschreibung aller anfallenden Aufgaben in den verschiedenen Abteilungen,
- Ermittlung der durchschnittlichen Arbeitsmenge mittels eines Mehrjahresvergleichs der Auftragslage, um saisonale Einflüsse und Trends zu erkennen und
- Bestimmen der Sollzeiten für jede einzelne Arbeitsaufgabe.

Feste und variable Arbeitszeiten

Feste und variable Arbeitszeiten lassen sich in volle und reduzierte Arbeitszeit einteilen. Reduzierte Modelle bieten dabei weitaus größere Möglichkeiten der Variabilität.

Feste volle Arbeitszeit

Bei der festen Vollzeitarbeit bleibt die Arbeitszeit über eine definierte Zeit und unabhängig von der Flexibilisierung der Arbeit konstant. Feste volle Arbeitszeiten bedeuten, dass beispielsweise die Arbeitstage sowie Arbeitsbeginn und -ende festgeschrieben sind. Diese Arbeitsform gewährt große Planungssicherheit, aber geringere Flexibilität. Feste Arbeitszeiten sind dort sinnvoll, wo der Arbeitsaufwand gleichmäßig ausfällt.

Feste reduzierte Arbeitszeit

Unter fester reduzierter Arbeitszeit wird häufig Teilzeitarbeit in Form der klassischen Halbtagsarbeit verstanden. Der verstärkte Einsatz der Teilzeitarbeit wird vom Gesetzgeber gefördert (Teilzeit- und Befristungsgesetz, siehe Kapitel „Work-Life-Balance"). Das gesetzlich festgeschriebene Recht auf Teilzeit oder Minderarbeit bietet folgende Vorteile:

- Der Kostendruck auf das Unternehmen sinkt.
- Das Modell genießt hohe gesellschaftliche Akzeptanz.
- Die Vereinbarkeit von Beruf und Familie wird erleichtert.
- Fachkräfte mit Kindern können im Unternehmen gehalten werden.
- Das Modell bietet hohe Planungssicherheit.
- Die Personalfluktuation ist geringer.

Variable volle Arbeitszeit

Die variable volle Arbeitszeit kann in Form der klassischen Gleitzeit, mit einem variablen Einsatz von Schichtarbeit oder als Arbeitszeitkorridor ausgestaltet werden. Aus diesem Modell ergeben sich einige Vorteile:

- Die Produktivität lässt sich an einen stabilen und berechenbaren Auftragseingang anpassen.
- Der Kostendruck sinkt.
- Es besteht hohe Planungssicherheit mit Möglichkeiten zur Flexibilisierung.
- Die Maschinenlaufzeiten können voll genutzt werden (auch über Nacht und am Wochenende).
- Die Vereinbarkeit von Familie und Beruf wird erleichtert.
- Arbeitnehmer können ihre Freizeit individuell planen und gestalten.
- Es gibt keine Lohneinbußen durch Minderarbeit.

Variable reduzierte Arbeitszeit

Die variable reduzierte Arbeitszeit bietet die größten Flexibilisierungsmöglichkeiten. Mit variabler Teilzeit, Jobsharing oder temporären Freistellungsmodellen können Unternehmen eine ausgefeilte und differenzierte Arbeitszeitsystematik entwickeln. Diese Modelle verschaffen Mitarbeitern nicht nur Freiräume im Berufsalltag, in vielen Fällen erhöhen sie auch die Sicherheit des Arbeitsplatzes.

Checkliste: Was Sie vor der Einführung eines variablen Arbeitszeitmodells prüfen sollten

- Haben Sie den Zeitrahmen berechnet, in dem flexibel gearbeitet werden soll?
- Haben Sie den Flexibilisierungsgrad berechnet, den Sie zur Erfüllung Ihres optimalen Produktionsbedarfs benötigen?

- Lassen die betrieblichen Erfordernisse die Entscheidung für ein klar definiertes Modell zu?

- Macht die Auftragslage dauerhaft einen flexiblen Einsatz der Arbeitnehmer erforderlich?

- Sind umfangreiche Investitionen erforderlich, um die notwendige Zeiterfassung sicherzustellen?

- Rechtfertigen die Kostenvorteile den administrativen Aufwand einer Umstellung auf variable Arbeitszeiten?

- Ist der für Mehrarbeit oder Zusatzaufgaben zu gewährende Ausgleich eindeutig definiert?

- Bietet der Arbeitsmarkt ausreichend Alternativen, um für die Zeit der Abwesenheit des Mitarbeiters Ersatz zu finden?

- Lassen sich Kapazitätsschwankungen kostengünstiger über den Arbeitsmarkt ausgleichen?

- Gibt es einen klar formulierten Wunsch der Arbeitnehmer nach mehr individueller Flexibilität?

- Steht der Betriebsrat einer Flexibilisierung aufgeschlossen gegenüber?

Zeitguthaben und Zeitkonten

Zeitguthaben können aus verschiedenen Gründen entstehen. Sie basieren auf folgenden Modellen:

- Vereinbarte Mehr- oder Minderarbeit wie eine über die tariflich vereinbarte Wochenarbeitszeit hinausgehende Arbeitszeit.

- Schwankende Mehr- oder Minderarbeit wie durch Überstunden, saisonale Schwankungen oder den Verzicht auf Teile des Urlaubs.

- Zeitguthaben für besondere Leistungen wie Boni, Jubiläen und Zielvereinbarungen.

Zeitguthaben mit Zeitausgleich

Freizeit, Urlaub und Vorruhestand sind die verschiedenen Währungen des Zeitguthabens. Häufig wird der Zeitausgleich über Zeitgutschriften abgerechnet, die als Zeitsparkassen für langfristig konzipierte Modelle wie beispielsweise Langzeitkontenregelungen benutzt werden. Modelle mit Zeitausgleich kommen privaten oder familiären Wünschen der Arbeitnehmer entgegen. Bei diesen temporären Freistellungsmodellen unterscheidet man zwischen einem Langzeiturlaub, einer Familienpause oder einem Sabbatical.

Zeitguthaben mit monetärem Ausgleich

Ein finanzieller Ausgleich wird vor allem bei Kurzzeitkonten wie bei Überstunden, Gleitzeit oder wochenarbeitsbezogener Mehrarbeit gewährt.

Flexibilisierungsmodelle für zielgenaue Arbeitszeitgestaltung

Es gibt zahlreiche Formen flexibler Arbeitszeitgestaltung. Grundsätzlich unterscheidet man zwischen Modellen mit festen bzw. mit variablen Arbeitszeiten.

Modelle mit festen Arbeitszeiten

Als Modelle mit festen Arbeitszeiten haben sich im industriellen Sektor vor allem die Zeitarbeit und in der Verwaltung die Gleitzeit durchgesetzt. Für welches Modell sich das Unternehmen entscheidet, hängt vom Kostendruck, den personellen Kapazitäten und der Auftragslage ab.

Gleitzeit

Bei der Gleitzeit können Beginn und Ende der täglichen Arbeitszeit, bei qualifizierter Gleitzeit auch deren Dauer, individuell variieren. Bei der einfachen Gleitzeit vereinbart der Arbeitgeber mit dem Arbeitnehmer einen Zeitrahmen, beispielsweise zwischen acht Uhr morgens und zwanzig Uhr abends, in dem die Arbeit geleistet werden muss. So kann der Arbeitnehmer den Beginn und das Ende der täglichen Arbeitszeit frei wählen. Er muss aber die Kernzeiten beachten. Die tägliche Gesamtarbeitszeit ist vertraglich festgelegt.

Bei der qualifizierten Gleitzeit kann der Arbeitnehmer sowohl über die Lage als auch über die Dauer seiner täglichen Arbeitszeit entscheiden. Jedoch werden, wie bei der einfachen Gleitzeit, Kernzeiten vorgegeben, zu denen er anwesend sein muss. Außerhalb der Kernzeiten ist es jedoch möglich, die Arbeitszeit frei unter Berücksichtigung der wöchentlichen oder monatlichen Gesamtarbeitszeitdauer zu verteilen.

Beispiel: Gleitzeit in der Verwaltung

> In der Verwaltung einer kirchlichen Organisation mit einem hohen Anteil familiär gebundener Mitarbeiter entscheidet sich die Geschäftsführung für die Einführung eines Gleitzeitmodells.

Die Ursache: Mit der Kinderbetreuung verbundene Probleme, wie beispielsweise Arztbesuche, senkten die Arbeitseffektivität der Arbeitnehmer. Innerhalb einer wöchentlichen Gesamtarbeitsdauer von 38 Stunden müssen die Arbeitnehmer während der Kernzeit von 10 bis 14 Uhr im Unternehmen anwesend sein. Da die Geschäftsleitung auf das hohe Verantwortungsbewusstsein der Mitarbeiter baut, entschied sie sich für die qualifizierte Gleitzeit. Die Arbeitnehmer haben mit dieser Regelung die Freiheit, innerhalb des Gesamtarbeitszeitraums und bei Beachtung der Kernzeiten die tägliche Dauer der Arbeitszeit selbst auszuwählen.

Schichtarbeit

Die Schichtarbeit gehört zu den flexiblen Arbeitszeitformen, bei denen Arbeit entweder zu wechselnden oder zu konstanten, aber ungewöhnlichen Uhrzeiten geleistet wird. Kennzeichnend für die Schichtarbeit ist die Aufteilung der betrieblichen Arbeitszeit in mehrere Zeitabschnitte mit versetzten Anfangszeiten bzw. unterschiedlicher Dauer und Lage. Bei der Schichtarbeit gibt es zahlreiche Variationsmöglichkeiten, mit deren Hilfe rund um die Uhr und auch am Wochenende sowie an Feiertagen gearbeitet werden kann:

- Zweischichtmodell: Diskontinuierlicher Aufbau mit einem Wechsel von Tag- und Nachtschicht.

- Drei- und Vierschichtmodell: Ermöglicht eine 24-stündige Ausnutzung der Produktionsanlagen. Gearbeitet wird im Wechsel in Früh-, Mittags-, Nachmittags- und Nachtschichten.

- Rollierende Drei- und Vierschichtensysteme: Sinnvoll bei Sonntags- und Feiertagsarbeit, weil die Schichten nicht im Wechsel besetzt werden müssen. Als Betrachtungszeitraum für die geleistete Arbeitszeit wird mindestens eine Woche angesetzt.

- Flexibler Schichtwechsel: Je nach Produktionsanforderungen wechseln sich in einem vorgegebenen Zeitrahmen die Schichtarbeiter bei laufenden Bändern und Anlagen ab. Der Zeitpunkt der konkreten Schichtübergabe wird von den Mitarbeitern bestimmt.

- Freischichtmodelle: Die werktägliche Dauer der Arbeitszeit liegt über der tariflichen täglichen Arbeitszeit. Eine Freischicht wird mit einem freien Tag abgegolten.

In der Praxis begnügen sich Unternehmen nicht mit dem Einsatz eines einzigen Schichtmodells, sondern kombinieren sie miteinander.

Teilzeitarbeit

Mit Teilzeitarbeit lässt sich der Personalbestand reduzieren und gleichzeitig hochqualifiziertes Personal an das Unternehmen binden. Es gibt verschiedene Variationsmöglichkeiten:

- Beschränkung auf eine bestimmte Anzahl von Arbeitstagen pro Woche,

- Vollzeit in bestimmten Saisonphasen, keine Arbeit außerhalb der Saison – bei konstanter Bezahlung des Teilzeitentgelts,

- Beschränkung auf die Wochenenden und/oder Feiertage,

- Ergänzung zu Vollarbeitszeiten, um Öffnungs- oder Ansprechzeiten zu verlängern.

Mit Teilzeitarbeit lässt sich die Personalkapazität nicht nur reduzieren, sondern auch erhöhen, beispielsweise als Ersatz für ständig anfallende Überstunden, deren Umfang die Einstellung einer weiteren Vollzeitkraft nicht rechtfertigt. Ein weiteres Argument für die Einrichtung von Teilzeitstellen ist die oft zu beobachtende höhere Produktivität bei geringerer Arbeitszeit.

Modelle mit variablen Arbeitszeiten

Modelle mit variablen Arbeitszeiten bieten ein Flexibilisierungspotenzial, das sich von einer Überstunde für einen Arbeitnehmer über projektbezogene Modelle bis hin zu Zeitkorridoren und kapazitätsorientierter Arbeitszeit erstreckt.

Überstunden/Mehrarbeit

Als Überstunden werden Arbeitsstunden definiert, die über die tariflich vereinbarte Arbeitszeit hinaus geleistet werden. Wird die normale Arbeitszeit verlängert und damit die gesetzlich geregelte Obergrenze von acht Stunden werktäglich überschritten, spricht man von Mehrarbeit. Der Umfang der zulässigen zusätzlichen Arbeitszeit ist im Arbeitszeitgesetz (ArbZG) geregelt. Der Umfang der Mehrarbeit sowie die Zahlung von Zuschlägen ergeben sich aus dem bestehenden Arbeits- oder Tarifvertrag.

> Unabhängig davon, ob Überstunden vergütet werden oder nicht, darf die Arbeitszeit auf zehn Stunden pro Tag ausgeweitet werden, wenn innerhalb von sechs Kalendermonaten oder innerhalb von 24 Wochen ein Ausgleich stattfindet, also im Durchschnitt wieder acht Stunden werktäglich nicht überschritten werden.

Überstunden sind in der Regel wie normale geleistete Arbeit zu vergüten. Ein Überstundenzuschlag kann nur dann verlangt werden, wenn er von Arbeitgebern und Arbeitnehmern im Arbeitsvertrag vereinbart wurde oder betriebs- oder branchenüblich ist.

Jobsharing

Jobsharing bedeutet Arbeitsplatzteilung und ist eine Variante der Teilzeitbeschäftigung. Von Jobsharing spricht man dann, wenn der Arbeitgeber mit zwei oder mehreren Arbeitnehmern vereinbart, dass sie sich einen Arbeitsplatz teilen. Anders als bei traditioneller Teilzeit können die Jobsharer jedoch die Aufteilung der Arbeitszeit untereinander selbst bestimmen. Die Zeitsouveränität ist das Charakteristikum des Jobsharings. Die Jobsharer müssen die Arbeitszeit einvernehmlich verteilen. Nur in Fällen, in denen ihnen dies nicht gelingt, darf der Arbeitgeber im Rahmen seines Direktionsrechts die Arbeitszeitlage einseitig bestimmen.

Arbeitszeitkorridor

Bei Arbeitszeitkorridor-Regelungen muss ein Zeitrahmen vorgegeben werden, innerhalb dessen sich die jeweilige Arbeitszeit des Beschäftigten abspielen muss. Arbeitszeitkorridore zahlen sich besonders in der Industrie aus, denn die Arbeitszeit kann unterbrochen und damit exakt der Auftragslage angepasst werden. Vereinbarungen über die Arbeitszeit sollten in einer Betriebsvereinbarung festgehalten werden.

Die Einführung und Durchführung eines Arbeitszeitkorridors ist mit hohem organisatorischen Aufwand verbunden: Die Einsatzpläne müssen nicht nur völlig neu erarbeitet, sondern der Auftragslage kontinuierlich angepasst und Ausnahmeregelungen getroffen werden.

Modelle mit amorphen Arbeitszeiten

Bei Modellen mit amorphen Arbeitszeiten wird ausschließlich das Volumen der vom Arbeitnehmer in einem bestimmten Zeitraum geschuldeten Arbeitszeit festgelegt. Die Verteilung der Arbeitszeit wird bewusst offengelassen oder aber, wie bei der Vertrauensgleitzeit, nicht kontrolliert. Typisch für die amorphen Arbeitszeitmodelle ist eine lange Laufzeit der Vereinbarung.

Vertrauensarbeitszeit

Bei der Vertrauensarbeitszeit wird vom Arbeitgeber völlig darauf verzichtet, Arbeitszeitdaten zu erfassen und auszuwerten. Dieses Arbeitszeitsystem ist ausschließlich erfolgsorientiert. Der Arbeitnehmer ist selbst für die Gestaltung und Erfassung der Arbeitszeit verantwortlich. Die Verantwortung zur Einhaltung der gesetzlichen und tariflichen Arbeitszeitregelungen liegt weiterhin beim Arbeitgeber. Voraussetzungen für die Einführung von Vertrauensarbeitszeit sind:

- ein Führungsverhalten, das in hohem Maße auf Zielerreichung und Eigenverantwortung setzt,
- hohes Pflichtbewusstsein der Mitarbeiter,
- exakte Kenntnisse über das Arbeitsklima und dessen Auswirkungen auf den Arbeitsalltag der Mitarbeiter,

- die Fähigkeit der Mitarbeiter, die Arbeitszeit eigenverantwortlich einzuteilen.

Ausgleichsmodelle

Zeitkonten und Zeitwertpapiere bieten Arbeitgebern und Arbeitnehmern vielfältige Perspektiven für eine Arbeitszeitflexibilisierung auch innerhalb einer 40-Stunden-Arbeitswoche.

Zeitkonten unterscheidet man in Kurzzeit- und Langzeitkonten. Bei Kurzzeitkonten können Einzahlungen in Form von Zeit und der zumeist in monetärer Form geleistete Ausgleich innerhalb kurzer Zeit erfolgen.

> Kurzzeitkonten sollten besonders in der industriellen Produktion bei den einzelnen Arbeitnehmern nahezu ausgeglichen sein. Daher ist es sinnvoll, in der Betriebsvereinbarung feste Grenzwerte für Zeitschulden und -guthaben festzulegen. So lässt sich vermeiden, dass der Arbeitnehmer geschuldete Zeit kaum mehr nachholen kann. Ebenso werden zu lange Freizeitphasen verhindert.

Langzeitarbeitskonten laufen über einen Zeitraum, der das gesamte Arbeitsleben umfassen kann. Längerfristige Veränderungen des Arbeitsanfalls können durch Langzeitkonten optimal aufgefangen werden. Damit leisten sie einen Beitrag zur Stabilisierung der Beschäftigung und senken zugleich die betrieblichen Kosten. Schließlich ermöglichen Langzeitkonten auch einen vorgezogenen bzw. gleitenden Ruhestandseintritt. Der Mitarbeiter kann den Eintritt in den Ruhestand vorverlegen und das Unternehmen profitiert von einem durch den Mitarbeiter selbst finanzierten vorgezogenen Renteneintritt.

Freistellungsmodelle

Mit dem Einsatz von Langzeitkonten ist es möglich, den Arbeitnehmer auf Wunsch freizustellen, ohne dass der Arbeitgeber einen Nachteil aus der Abwesenheit der Mitarbeiter befürchten muss. In der Regel profitieren die Unternehmen sogar, denn die Arbeitnehmer sind motivierter und identifizieren sich stärker mit dem Unternehmen.

Familienpause/Familienteilzeit

Die Familienpause oder Familienteilzeit ermöglicht eine Verlängerung des Mutterschaftsurlaubs oder kann für die Zeit der Kinderbetreuung verwendet werden. Unternehmen können durch diese Regelung Mitarbeiter an sich binden (siehe auch Kapitel „Work-Life-Balance").

Langzeiturlaub/Sabbatical

Der Langzeiturlaub oder das Sabbatical kommt vor allem den Freizeitinteressen der Arbeitnehmer entgegen. Hier können persönliche Ziele verfolgt werden, wie lange Reisen oder Weiterbildungen. Stark beanspruchte Arbeitnehmer können sich eine Auszeit nehmen und Kraft tanken.

Beispiel: Sabbatical eines Bankmanagers

Heiko Ahrend, eine Führungskraft einer internationalen Bank, fühlt sich ausgebrannt. Nach dem Studium ist er direkt in den Job gestartet und hat binnen fünf Jahren eine steile Karriere hingelegt. Der Job ist genau das Richtige, doch Heiko Ahrend sehnt sich nach einer sechsmonatigen Auszeit und möchte etwas von der Welt sehen, die Stelle aber in keinem Fall verlieren. Das

Sabbatical bietet die Möglichkeit, über einen längeren Zeitraum dem Berufsalltag zu entfliehen und den privaten Interessen nach-zukommen.

Altersteilzeit/Vorruhestand

Altersteilzeit (ATZ) soll älteren Arbeitnehmern über eine Reduzierung der Arbeitszeit oder eine vorzeitige Beendigung der aktiven Tätigkeit einen gleitenden Übergang von der Erwerbsphase in den Ruhestand ermöglichen. Sie wird durch das Altersteilzeitgesetz (AltTZG) geregelt. Altersteilzeitarbeit kann sowohl kontinuierlich als auch in Form des sogenannten Blockmodells durchgeführt werden. Sie kann von allen Arbeit-nehmern freiwillig genutzt werden (§ 2 AltTZG), die

- mindestens 55 Jahre alt sind,
- versicherungspflichtig beschäftigt sind,
- mit Beendigung der Altersteilzeit eine Rente wegen Alters beanspruchen können,
- eine Vorversicherungszeit in der Arbeitslosenversicherung von mindestens 1.080 Kalendertagen innerhalb der letzten fünf Jahre vor Beginn der Altersteilzeitarbeit aufweisen (einschließlich Zeiten der Kinderziehung sowie von Arbeits-losigkeit),
- ihre Arbeitszeit auf die Hälfte der bisherigen wöchent-lichen Arbeitszeit reduzieren und weiterhin versicherungs-pflichtig im Sinne des SGB III beschäftigt sind.

Einen durchsetzbaren gesetzlichen Anspruch auf einen Wech-sel in die Altersteilzeit haben weder das Unternehmen noch der Mitarbeiter. Es besteht jedoch die Möglichkeit, dass unter anderem ein Tarifvertrag einen Anspruch auf Abschluss eines Altersteilzeitvertrages gewährt.

In der Altersteilzeit erhält der Mitarbeiter zusätzlich zu seinem halbierten Brutto-Arbeitsentgelt einen steuer- und sozialversicherungsfreien Aufstockungsbetrag von 20 Prozent. Seine Bemessungsgrundlage ist das „Regelarbeitsentgelt für die Altersteilzeit" (§ 3 Abs. 1 Nr. 1 Buchst. a AltTZG). Es setzt sich aus dem regelmäßig gezahlten Arbeitsentgelt und den über drei Monate durchgehend anfallenden Zulagen und Zuschlägen zusammen. Alle nicht laufend gezahlten Entgeltbestandteile werden nicht berücksichtigt.

Beispiel: Altersteilzeit eines Finanzbuchhalters

> Der Finanzbuchhalter eines großen Autohauses ist 59 Jahre alt und arbeitet seit Januar 2006 in Altersteilzeit. Zuvor hatte er 4.500 Euro brutto verdient. Das Altersteilzeitentgelt ohne Aufstockung beträgt 2.250 Euro. Diese Summe ist lohnsteuerpflichtig. Aufgrund einer Betriebsvereinbarung zahlt sein Arbeitgeber ein Aufstockungsgeld von 30 Prozent. Diese 675 Euro sind steuerfrei.

Zusätzlich sieht das Altersteilzeitgesetz vor, dass der Arbeitgeber die Rentenversicherungsbeiträge während der Altersteilzeit so aufstockt, dass insgesamt Beiträge auf einer Bemessungsgrundlage in Höhe von 80 Prozent des Regelarbeitsentgelts gezahlt werden. Die Vereinbarung höherer Aufstockungsleistungen ist möglich.

Die Dauer der Altersteilzeitarbeit hängt davon ab, ob der Arbeitnehmer eine geminderte oder ungeminderte Rente in Anspruch nehmen will. Sie muss mindestens bis zu einem Zeitpunkt reichen, an dem eine Altersrente beansprucht werden kann. Vereinbarungen, die eine Phase der Arbeitslosigkeit im Anschluss an Altersteilzeitarbeit vorsehen, erfüllen die Voraussetzungen nicht (§ 2 Abs. 1 Nr. 2 AltTZG).

Die Arbeitszeitverteilung ist Sache der Vertragsparteien. Folgende Modelle bieten sich in der Praxis an:

- Die Arbeitszeit wird kontinuierlich auf die Hälfte reduziert.
- Es wird ein täglicher, wöchentlicher, monatlicher oder saisonal bedingter Wechsel zwischen Arbeit und Freizeit vereinbart.
- Die Arbeitszeit wird degressiv über den vereinbarten Zeitraum verteilt.
- Die Teilzeit setzt sich aus einer Vollzeitarbeitsphase und einer sich anschließenden gleich langen Freistellungsphase zusammen (Blockmodell).

> Entscheidend ist, dass in der Summe während der gesamten Dauer der Altersteilzeit die vorherige Arbeitszeit auf die Hälfte reduziert ist. Berechnungsgrundlage dafür ist die unmittelbar vor Beginn der Altersteilzeit, höchstens die im Durchschnitt der letzten 24 Monate vereinbarte Arbeitszeit.

In der Praxis hat sich in erster Linie das Blockmodell durchgesetzt. Hierbei ist der Arbeitnehmer in der ersten Hälfte der Altersteilzeit zwar ganz normal vollbeschäftigt, erhält aber nur ein reduziertes Altersteilzeitentgelt. Parallel dazu wird ein Wertguthaben im Sinne des § 7 Abs. 1a SGB IV aufgebaut. In der zweiten Hälfte wird der Arbeitnehmer freigestellt, bezieht aber weiterhin das aus dem Wertguthaben gewandelte Altersteilzeitentgelt.

Personalkosten

Personalkosten stellen einen erheblichen Anteil an den Kosten des betrieblichen Leistungsprozesses dar. Für Unternehmen ist es daher von entscheidender Bedeutung, ein aktives Kostenmanagement zu betreiben, das hilft, Personalkosten zu minimieren. Dabei ist ein vorschneller Personalabbau in Zeiten des Fachkräftemangels zumeist nicht die beste Lösung. Übersehen wird häufig, dass sich die Kosten meist ebenso effektiv und zudem mitarbeiterfreundlicher senken lassen, wenn die vorhandenen Personalressourcen effizient eingesetzt werden.

In diesem Kapitel lesen Sie,

- wie sich die Personalkosten zusammensetzen,
- wie Sie die Personalkosten richtig verwalten,
- wie Sie Personalkosten reduzieren können und
- wie Sie einen Personalabbau sozialverträglich organisieren.

Kostenfaktor Arbeit – erfassen und steuern

Für viele Unternehmen bilden die Personalkosten den höchsten Kostenblock. Wer Gewinne erwirtschaften will, muss daher nicht nur für gute Umsätze sorgen, sondern auch die Kosten niedrig halten. Häufig sind Personalkosten aber kurzfristig kaum zu beeinflussen, weshalb sie bei der Planung eine wichtige Rolle spielen.

Die Arbeitskosten berechnen

Die Arbeitskosten setzen sich aus dem direkten Stundenlohn – dem Lohn für tatsächlich geleistete Arbeit – und den anteilig verrechneten Personalneben- und -zusatzkosten zusammen.

Der Begriff Lohnstückkosten, also Lohnkosten pro Stück, bezeichnet den Anteil der Arbeitskosten, die auf eine Produkteinheit entfallen – also wie viel Lohnkosten z.B. in einem Auto stecken. Lohnstückkosten sind sowohl eine betriebswirtschaftlicher als auch eine volkswirtschaftlicher Größe, die Schlüsse auf die Wettbewerbsfähigkeit eines Unternehmens oder einer Volkswirtschaft zulässt. Sie stehen mit der Produktivität in Zusammenhang, welche die Wettbewerbsfähigkeit aller Produktionsfaktoren in einem Unternehmen, einem Wirtschaftszweig oder einer Region misst.

Die Personalkosten setzen sich zusammen aus

- den Kosten für Löhne und Gehälter (Lohnkosten),
- den Kosten für soziale Aufwendungen (Personal- oder Lohnnebenkosten) und Sonderzahlungen sowie

- Zusatzkosten wie Entgeltfortzahlungen, Prämien oder Fortbildungsmaßnahmen (Personal- oder Lohnzusatzkosten).

Personalkosten beziehen sich immer auf einen Arbeitnehmer und einen bestimmten Zeitraum. Die zu den Personalkosten gehörenden Zahlungen von Versicherungsbeiträgen an Renten-, Kranken-, Arbeitslosen- oder Unfallkassen werden meist geteilt, wobei nur der Anteil, den der Arbeitgeber zu zahlen hat, den Personalkosten angerechnet wird.

Die Personalzusatzkosten sind üblicherweise jene Kosten, die der Arbeitgeber neben den gesetzlich vorgeschriebenen Kosten freiwillig an den Arbeitnehmer zahlt. Dazu gehören einmalige Sonderzahlungen wie Erfolgsprämien aber auch Kosten für Weiterbildung, Familienbeihilfen und vermögenswirksame Leistungen.

Wie hoch der Personalaufwand ist, hängt vom Unternehmen selbst ab. Erfahrungsgemäß haben reine Dienstleistungsbetriebe wesentlich höhere Personalkosten. Umgekehrt haben reine Produktionsunternehmen vergleichsweise geringe Personalkosten, dafür aber höhere Kosten für den Materialeinsatz. Bei Handelsbetrieben wiederum hängt die Höhe der Personalkosten wesentlich vom Umfang der Warenpalette ab.

Rechtliche Grundlagen

Umfangreich gesetzlich geregelt sind vor allem die Personalnebenkosten.

Lohn/Gehalt

Üblicherweise ist ein Gehalt ein über die Monate gleich-bleibender Betrag, während die Löhne auf Stundenbasis ge-zahlt werden und deshalb variieren (siehe dazu Kapitel „Ar-beitszeitmanagement"). Für seine Arbeitsleistung hat der Arbeitnehmer einen Anspruch auf Vergütung.

Art und Höhe dieser Vergütung werden durch einen Tarif-vertrag oder eine Betriebsvereinbarung bestimmt (zur Tarif-bindung von Personalkosten siehe Kapitel „Arbeitszeitmana-gement"). Kann beides nicht angewendet werden, sind Art und Höhe der Vergütung in dem individuellen, zwischen Arbeitgeber und Arbeitnehmer geschlossenen Arbeits- oder Dienstvertrag zu regeln.

Personalnebenkosten

Personalnebenkosten (auch Lohnnebenkosten) werden die Ausgaben genannt, die der Arbeitgeber für den Arbeitnehmer zahlt, ohne dass diese Bestandteil des vereinbarten Gehalts sind. Verpflichtend auf Grund der Sozialgesetze erbracht wer-den müssen:

- Rentenversicherung (9,45 Prozent)
- Krankenversicherung (7,3 Prozent)
- Arbeitslosenversicherung (1,5 Prozent)
- Unfallversicherung (durchschnittlich 1,3 Prozent)
- Pflegeversicherung (1,025 Prozent)

Der vom Arbeitgeber zu tragende Gesamtbeitrag liegt damit zurzeit bei knapp 21 Prozent des Bruttolohns. Grundsätzlich werden die Beiträge zur Sozialversicherung zu gleichen Teilen von Arbeitgeber und Arbeitnehmer getragen. Ausnahmen sind die Unfallversicherung, die der Arbeitgeber allein trägt, und ein Aufstockungsbetrag von 0,9 Prozent zur Krankenversicherung, die der Arbeitnehmer allein trägt.

> Die Sozialabgaben sind eine Pflichtversicherung und können auch nicht durch Vereinbarung zwischen Arbeitgeber und -nehmer ausgeschlossen werden, sofern ein versicherungspflichtiges Arbeitsverhältnis besteht. Der Beitrag des Arbeitnehmers wird automatisch mit seiner monatlichen Gehaltszahlung abgeführt.

Detaillierte Hinweise zur Tarifbindung von Personalkosten finden Sie im Kapitel „Arbeitszeitmanagement".

Management von Personalkosten

Angesichts steigender Wettbewerbsintensität ist es von entscheidender Bedeutung für die Zukunft eines Unternehmens, die Personalkosten genau zu kennen und zu wissen, wie man sie beeinflussen kann.

Personalkosten exakt planen

Die exakte kurz-, mittel- und langfristige Planung von Personalkosten ist für jedes Unternehmen ein strategischer Erfolgsfaktor. Eine Unternehmensplanung ohne eine detaillierte Personalkostenplanung ist unvollständig. Ihr Ziel ist es, einen Überblick über die zu erwartenden Kosten der nächsten Planperiode zu erhalten. Dabei müssen alle Kostenarten berücksichtigt werden. Eine gezielte Personalkostenplanung

- gibt Prognosen zur Entwicklung der Personalkosten,
- stellt einen Kostenvergleich zwischen Soll- und Ist-Kosten her,
- ermöglicht Prognosen über Löhne, Gehälter und andere Kostenbestandteile für vakante und besetzte Planstellen.

Im ersten Schritt reichen dabei eine grobe Planung einiger Kostenarten und ein Instrument zur regelmäßigen Kontrolle, um gefährliche Kostenabweichungen schnell zu erkennen. Wer keine gesonderte Kostenrechnung will, kann auf die Daten der Buchhaltung zurückgreifen.

Checkliste: So können Sie die Personalkosten gezielt planen

- Legen Sie den Informationsbedarf für die Kostenplanung fest (Daten/Quellen).
- Informieren Sie die Fachabteilungen (z.B. durch das Controlling).
- Lassen Sie vorgegebene Abgabetermine durch das Controlling überwachen.
- Geben Sie Richtlinien und Unternehmensziele, die Einfluss auf die Kostenentwicklung haben, an das Controlling weiter.
- Überprüfen Sie die angegebenen Planzahlen auf ihre Plausibilität und auf ihre Übereinstimmung mit den vorgegebenen Zielen.

- Erstellen Sie einen Kostenplan.
- Verteilen Sie die Jahreswerte auf die Planperiode (meist bietet sich eine Aufschlüsselung nach Monaten an).
- Stimmen Sie die Kostenplanung mit den übrigen Plänen ab.

> Gut geschätzt ist halb gewonnen. Um sinnvolle Aussagen zu erhalten, sollten Sie auch ungewisse Kostenarten schätzen. Es ist auf jeden Fall besser, einen Schätzwert zu haben als gar keine Angaben.

Kostenkategorien

Zur Planung der Personalkosten gehören die Planung aller Löhne und Lohnanteile, die Planung der Gehälter sowie die Planung der Lohnneben- und Zusatzkosten. Die Personalkostenplanung kann sich dabei auch auf einzelne Teilbereiche beziehen. Sinnvolle Kategorien sind beispielsweise die Kostenplanung

- der Personalbeschaffung (Kalkulation zukünftiger Beschaffungsmaßnahmen, Kosten für Personalwerbung, Personalbeurteilung und -auswahl etc.),
- des Personaleinsatzes (Entgelte, Nebenkosten und Zusatzkosten),
- der Personalerhaltung (Kosten für Personalverwaltung oder die Erstellung und Pflege von Anreizsystemen),
- der Personalentwicklung (Kosten für Aus-, Fort- und Weiterbildung),
- der Personalfreistellung (Ausgleichszahlungen, Abfindungen etc.).

Voraussetzung für den Aufbau eines Systems zur Analyse und Planung der Personalkosten ist eine möglichst exakte und umfassende Systematisierung und Erfassung sämtlicher Aufwendungen, die im Zusammenhang mit dem Personal entstehen. Ab einer bestimmten Unternehmensgröße bietet sich hierfür natürlich die Verwendung einer speziellen Erfassungs- bzw. Buchhaltungssoftware an.

Die Planung der Personalkosten setzt eine abgeschlossene Personalplanung voraus. Der sich daraus ergebende durchschnittliche Personalbestand im Planjahr wird mit dem erwarteten Lohn (Gehalt) je Beschäftigten bewertet. Er lässt sich aus Ist-Löhnen, Ist-Personalbestand und voraussichtlicher Tarifsteigerung berechnen.

Personalkosten im Griff mit Budgetierung

Einer der sichersten Wege, um Personalkosten planbar zu machen, ist die Budgetierung. Im Rahmen der unternehmerischen Gesamtplanung wird der gewünschte Erfolg für die nächste Periode festgelegt. Dieser Erfolg bildet den Rahmen dafür, die einzelnen Budgets zu bestimmen.

Bei der Budgetierung sollten Sie immer auch unerwartete Vorkommnisse einplanen, z. B. Streiks oder längerer Ausfall eines Mitarbeiters wegen Krankheit. Dazu dienen regelmäßige Plan- und Budgetrevisionen.

Grundsätzlich gilt: Budgetiert werden sollten nur Kosten, die für einzelne Abteilungen auch tatsächlich beeinflussbar sind. Die Kosten, die nicht von Abteilungen beeinflusst werden können (z. B. Raum- und Energiekosten oder andere Umlagen), sollten als getrennter Kostenblock erfasst und analysiert werden. Dem Budgetplan muss immer die Budgetkontrolle folgen.

Darunter versteht man den Prozess des laufenden Vergleichs, der Abstimmung und gegebenenfalls auch Anpassung der Soll-Zahlen des Budgets an die ermittelten Ist-Zahlen. Abweichungen müssen analysiert werden und die neuen Plandaten einfließen.

Personalkosten reduzieren

Unternehmern steht eine breite Palette abgestufter und kombinierbarer Instrumente zur Verfügung, um kurzfristig und auf lange Sicht Personal kostensparend einzusetzen.

Kurzfristige Einsparpotenziale

Es gibt einige Maßnahmen, deren sich Arbeitgeber bedienen können, um Personalkosten kurzfristig zu senken. Doch Vorsicht: Einseitige Kurzfristmaßnahmen sind selten der beste Weg – auch weil sie sich oft nur schwer arbeitsrechtlich umsetzen lassen.

Überstunden

Statt Überstunden von Mitarbeitern zu vergüten, kann der Arbeitgeber diese z.B. auch durch Freizeitausgleich abbauen. Das bietet sich vor allem in Zeiten niedriger Auftragsauslastung an – und spart Geld. Zahlt der Arbeitgeber Überstundenzuschläge, muss der Freizeitausgleich entsprechend höher ausfallen.

Beispiel: Freizeitausgleich statt Geld

> Herr Gerlitz ist Bürokaufmann in einem Versicherungsunternehmen. Für jede geleistete Überstunde steht ihm ein Überstundenzuschlag von 25 Prozent zu. Will sein Arbeitgeber die Überstunden in Freizeitausgleich umwandeln, so muss er Herrn Gerlitz für jede Überstunde eine Stunde 15 Minuten gewähren.

Kurzarbeit

Wenn eine konjunkturelle Flaute länger andauert und der Abbau von Überstunden allein nicht ausreicht, kann es sich anbieten, Kurzarbeit einzuführen. Bei Kurzarbeit wird für einen bestimmten Zeitraum die regelmäßige Arbeitszeit – und entsprechend auch die Vergütung – der Mitarbeiter heruntergesetzt.

> Die Bundesagentur für Arbeit fängt den Verdienstverlust der Mitarbeiter unter bestimmten Voraussetzungen durch die Zahlung von sogenanntem Kurzarbeitergeld auf (§§ 169 ff. SGB III).

Kurzarbeiter kann der Arbeitgeber nicht einseitig einführen. Er muss sich mit jedem einzelnen Mitarbeiter einigen. Lehnt ein Mitarbeiter die Kurzarbeit ab, bleibt nur der Weg über eine Änderungskündigung. Auf jeden Fall sollte der Arbeitgeber den Betriebsrat einschalten. Bei Einführung von Kurzarbeit gilt das Mitbestimmungsrecht (§ 87 Abs. 1 Nr. 3 BetrVG).

Gehaltskürzung

Das vertraglich vereinbarte Arbeitsentgelt kann der Arbeitgeber – im Gegensatz zu freiwilligen Sozialleistungen – nur einvernehmlich mit dem Mitarbeiter kürzen. In den seltensten Fällen stimmen Mitarbeiter ohne weiteres einer Kürzung zu.

Änderungskündigung

Wenn alle anderen Maßnahmen zur Kostensenkung ausgeschöpft sind und ohne Lohnkürzungen betriebsbedingte Kündigungen oder gar die Stilllegung eines Unternehmens unvermeidlich sind, kann ein Arbeitgeber auf einer Änderungskündigung zwecks Lohnkürzung bestehen.

> Die Voraussetzungen einer Änderungskündigung müssen im konkreten Streitfall belegt werden. In der Praxis ist das häufig schwer. Beachtet werden sollte zudem, dass im Rahmen einer Änderungskündigung jede einzelne Änderung sozial gerechtfertigt sein muss. Ist nur eine Änderung sozial ungerechtfertigt, ist die Änderungskündigung insgesamt unwirksam.

Mittel- und langfristige Einsparpotenziale

Der große Vorteil gegenüber den meisten kurzfristigen Möglichkeiten ist, dass Mitarbeitermotivation und Arbeitsqualität bei langfristigen Einsparmaßnahmen nicht leiden.

Gezielte Fort- und Weiterbildung

Qualifizierung, Fort- und Weiterbildung sind relevante Kostenfaktoren. Um die Kosten im Personalbereich so niedrig wie möglich zu halten, kommt folgenden Faktoren eine entscheidende Bedeutung zu:

- der Auswahl der jeweiligen Maßnahme
- der Auswahl des Weiterbildungsanbieters
- der Kostenübernahme oder Beteiligung des Mitarbeiters an den Kosten
- der Rückzahlungsvereinbarung

Fort- und Weiterbildungsmaßnahmen, die im „überwiegend betrieblichen Interesse" durchgeführt werden, sind nicht steuerpflichtig (Abschnitt 74 Lohnsteuerrichtlinien LStR). Davon ist immer auszugehen, wenn die Einsatzfähigkeit der Mitarbeiter im Betrieb durch die Bildungsmaßnahme erhöht werden soll.

Beispiel: Weiterbildung steuerfrei

> Die Firma Elektro Hinrich möchte ein neues Lohnabrechnungsprogramm einführen. Das Unternehmen, das das Programm entwickelt hat, stellt einen Ausbilder zur Verfügung, der die Mitarbeiter der Firma Hinrich an einem Tag in die neue Software einführt. Der Wert des Einführungskurses ist von den geschulten Mitarbeitern nicht zu versteuern.

Reduzierte Fehlzeiten

Wenn Mitarbeiter ausfallen, kann das den Arbeitgeber teuer zu stehen kommen: Bis zu sechs Wochen lang muss er den Lohn weiterzahlen, ohne eine Gegenleistung zu erhalten. Oft müssen zudem zusätzliche Überstunden oder Aushilfskräfte bezahlt werden, damit die liegen gebliebene Arbeit erledigt wird. Bis zu 40 Prozent aller Fehlzeiten sind laut Expertenschätzung durch geringe Arbeitszufriedenheit und Motivation der Mitarbeiter beeinflusst. Die nachfolgende Checkliste hilft Ihnen, mögliche Gründe für Fehlzeiten auszumachen.

Checkliste: So führen Sie eine Fehlzeitenanalyse durch

- Gibt es jahreszeitliche Schwankungen und Erklärungen für diese Entwicklung?

- Gibt es Abteilungen, die besonders hohe Fehlzeiten aufweisen?

- Gibt es einzelne Mitarbeiter bzw. -gruppen, die besonders häufig fehlen?

- Klagen Mitarbeiter über Unter- bzw. Überforderung?

- Entsprechen Arbeitssicherheit und Gesundheitsschutz den Vorschriften?

- Gibt es Hinweise auf Mobbing-Aktivitäten?

- Sind neue Mitarbeiter gut eingeführt worden?

- Wie ist es um die Arbeitszufriedenheit bestellt?

- Lässt sich ein Zusammenhang zwischen Fehlzeiten und Brückentagen, Wochenenden oder Überstunden erkennen?

- Lassen sich Mitarbeiter regelmäßig von einem (Betriebs-) Arzt untersuchen?

Kosten senken bei der Personalplanung

Kostensenkende Maßnahmen sollten nicht erst dann begonnen werden, wenn Einsparungen unvermeidlich sind. Die meisten Personalkosten lassen sich nicht auf Knopfdruck reduzieren – und wenn, dann oft nur gegen den Willen der Mitarbeiter. Sinnvoller ist es, Kostensenkungsmaßnahmen möglichst frühzeitig ins Auge zu fassen und vor allem dann, wenn wichtige Personalentscheidungen anstehen.

Einer sorgfältigen Auswahl folgt eine gute Einarbeitung. Nur ein gut eingearbeiteter Mitarbeiter kann auch schnell volle Leistung bringen.

Verträge mit Weitblick

Bei vertraglichen Vereinbarungen sollten sich Arbeitgeber einen möglichst großen Handlungsspielraum offenhalten. So sollte der Arbeitgeber beispielsweise von vornherein:

- Sonderzahlungen und soziale Leistungen mit Freiwilligkeitsvorbehalt versehen,

- den Vorbehalt einräumen, Mitarbeiter auch an anderen Orten und zu anderen Zeiten beschäftigen zu können und ihnen andere Aufgaben anzuvertrauen,

- Vereinbarungen treffen, um vorübergehend Kurzarbeit einzuführen.

Grundsätzlich gilt: Es sollten nur neue Mitarbeiter eingestellt werden, wenn diese unbedingt benötigt werden, um den durchschnittlichen Arbeitsanfall zu bewältigen. Unternehmen sollten bevorzugt auf Beschäftigungsverhältnisse zurückgreifen, die einfach wieder zu lösen sind. Dazu zählen befristete Arbeitsverhältnisse genauso wie freie Mitarbeit oder Zeitarbeit.

Geringfügige Beschäftigung

Eine geringfügig entlohnte Beschäftigung liegt vor, wenn das regelmäßige monatliche Arbeitsentgelt 450 Euro im Monat nicht übersteigt. Liegt das Entgelt zwischen 451 und 850 Euro, spricht man von einem Geringverdiener.

Diese Minijobs waren bis Ende 2012 grundsätzlich versicherungsfrei in der Kranken-, Pflege-, Renten- und Arbeitslosenversicherung. Seit dem 1. Januar 2013 sind Minijobber grundsätzlich versicherungspflichtig und können sich nur auf Antrag befreien lassen. Der Arbeitgeber muss für versicherungsfreie geringfügige Tätigkeiten einen dreizehnprozentigen Pauschalbeitrag für die Krankenversicherung und einen fünfzehnprozentigen Pauschalbeitrag für die Rentenversicherung bezahlen.

Kurzfristige Beschäftigung

Durch kurzfristige Beschäftigungsverhältnisse können Arbeitgeber viel Geld sparen: Nicht nur, dass diese Mitarbeiter lediglich bei Bedarf eingesetzt werden (z. B. Schlussverkauf, Urlaubsvertretung, Saisonarbeit etc.), auch bei den Lohnnebenkosten wird gespart. Denn der Arbeitslohn ist – gleichgültig wie hoch – beitragsfrei in der gesetzlichen Renten-, Arbeitslosen-, Kranken- und Pflegeversicherung. Auch muss der Arbeitgeber hier – anders als bei geringfügiger Beschäftigung – keine Pauschalbeiträge zur Renten- und Krankenversicherung entrichten.

> Bereits bei Beginn der Beschäftigung muss feststehen, dass diese nicht länger als zwei Monate am Stück oder insgesamt maximal 50 Arbeitstage innerhalb eines Jahres dauert und die Tätigkeit nicht berufsmäßig ausgeübt wird (§ 8 Abs. 1 SGB IV).

Ein Arbeitsvertrag für kurzfristige Beschäftigung eines Arbeitnehmers darf höchstens eine Laufzeit von einem Jahr haben. Bei regelmäßig wiederkehrenden oder Dauerarbeitsverhältnissen scheidet eine kurzfristige Beschäftigung aus. Ein erneuter Vertrag für kurzfristige Beschäftigung eines Arbeitnehmers kommt nur dann infrage, wenn zwischen beiden Verträgen eine mindestens zweimonatige Pause liegt (§ 14 Abs. 1 ff. TzBfG, Teilzeit- und Befristungsgesetz).

Beispiel: Kurzfristige Beschäftigung

Eine Agentur plant im Laufe des Jahres zwei große Messeauftritte, den einen im Mai, den anderen im September. Der Agenturleiter möchte zur Vorbereitung beider Events eine Aushilfskraft auf Basis einer kurzfristigen Beschäftigung einstellen. Den Arbeitsvertrag mit Frau Nortel, einer Marketingstudentin, gestaltet er daher so, dass diese an 25 Tagen im Zeitraum April/Mai sowie an 25 Tagen im Zeitraum August/September an dem Projekten mitarbeiten kann.

Teilzeitarbeit

Immer wieder zeigt sich, dass Teilzeitarbeitskräfte die ihnen zur Verfügung stehende Arbeitszeit effizienter nutzen als Vollzeitbeschäftigte: In der gleichen Zeit bewältigen sie in der Regel mehr Arbeit – und der Arbeitgeber erhält so faktisch mehr für sein Geld. Teilzeitkräfte können auch sehr flexibel eingesetzt werden.

Nach § 4 Abs. 2 Beschäftigungsförderungsgesetz ist der teilzeitbeschäftigte Arbeitnehmer nur zur Arbeitsleistung verpflichtet, wenn ihm der Arbeitgeber die Lage seiner Arbeitszeit jeweils mindestens vier Tage im Voraus mitgeteilt hat. Wenn im Arbeitsvertrag die tägliche Dauer der Arbeitszeit nicht festgelegt ist, so muss der Arbeitgeber den Arbeitnehmer jeweils für mindestens drei aufeinander folgende Stunden beschäftigen.

Personalabbau fair und rechtssicher gestalten

Immer dann, wenn mehr Mitarbeiter beschäftigt sind, als gebraucht werden, und mittelfristig auch keine Änderung dieser Situation zu erwarten ist, lässt sich ein Personalabbau nicht vermeiden, um das Unternehmen wettbewerbsfähig zu halten. Ursachen dafür sind häufig konjunkturell bedingte Absatzrückgänge, die Einführung neuer Technologien, Änderungen der Unternehmensstrategie und -struktur, in deren Folge Geschäftsfelder abgestoßen, zusammengelegt oder Produkte eingestellt werden.

> Personalabbau bedeutet immer auch Verlust von Know-how und Erfahrung. Mitunter kann dies zu extremen Qualitätseinbußen führen und den Umsatz beeinflussen. Kommen wieder bessere Zeiten, müssen erst wieder neue Mitarbeiter gesucht und eingestellt werden. Diese brauchen dann erst einmal eine längere Einarbeitungszeit, bis sie ähnlich gute Leistung bringen, wie die Mitarbeiter, die entlassen wurden.

Um die Freisetzung zu planen, können verschiedene Instrumente eingesetzt werden. Welche dies sind, hängt letztlich vor allem vom Umfang des Personalabbaus und den rechtlichen Möglichkeiten ab. In jedem Fall sollten Kosten und Nutzen behutsam gegeneinander abgewogen werden. Die Personalabbauplanung trägt dazu bei, unerwünschte Folgen im wirtschaftlich-sozialen Bereich (z. B Kosten für Sozialpläne oder einen Personalüberhang) und im technisch-organisatorischen Bereich (z.B. Behinderung von Reorganisationsmaßnahmen) vorbeugend zu beeinflussen.

Sozialplan

Bei geplanten Personalfreisetzungen ist der Arbeitgeber ab einer gewissen Größenordnung verpflichtet, den Betriebsrat zu informieren, mit ihm einen Interessenausgleich zu suchen und einen Sozialplan zu errichten (vgl. §§ 111, 112 BetrVG). Dabei handelt es sich um eine Vereinbarung zwischen Betriebsrat und Arbeitgeber über den Ausgleich oder die Milderung der wirtschaftlichen Nachteile, die den Arbeitnehmern infolge von geplanten Betriebsänderungen entstehen.

Mindestvoraussetzung für einen Sozialplan ist, dass in dem Betrieb mehr als 20 wahlberechtigte Arbeitnehmer beschäftigt werden und Betriebsänderungen geplant werden, die wesentliche Nachteile für erhebliche Teile der Belegschaft zur Folge haben können. Kommt eine Vereinbarung über den Interessenausgleich und den Sozialplan im Verhandlungswege nicht zustande, so kann der Arbeitgeber oder der Betriebsrat die Einigungsstelle anrufen.

Hauptsächlicher Inhalt von Sozialplänen sind Abfindungszahlungen bei Verlust des Arbeitsplatzes. Die vorgesehenen Leistungen stellen kein Entgelt für die in der Vergangenheit erbrachten Dienste dar, sondern sollen die künftigen Nachteile ausgleichen, die den Arbeitnehmern durch die Betriebsänderung entstehen können.

Outsourcing

Ein Unternehmen sollte sich nicht mit Arbeiten belasten, die andere Firmen schneller, besser und günstiger erledigen können. Gerade Routinearbeiten oder selten nachgefragte Spezialaufgaben eignen sich besonders gut zur Auslagerung. Der

Hauptvorteil von Auslagerungen: Die Leistungen können nach Bedarf abgerufen und nur die tatsächliche Arbeit muss bezahlt werden. Auch wenn Outsourcing auf den ersten Blick teurer erscheint, als eigene Mitarbeiter einzusetzen: Ein Vergleich der tatsächlichen Ausgaben lohnt. Es muss nämlich auch berücksichtigt werden, dass für den Arbeitgeber keine Kosten für Entgeltfortzahlungen etc. entstehen.

Beispiel: IT-Personalkosten outsourcen

> Ein festangestellter Netzwerkadministrator kostet ein mittelständisches Unternehmen rund 50.000 Euro im Jahr. Ein externer Dienstleister bietet seine Dienste für 90 bis 130 Euro pro Stunde an. Ob sich eine Auslagerung lohnt, hangt davon ab, wie hoch der Bedarf des Unternehmens an administrativer Betreuung ist. Liegt dieser beispielsweise bei rund 80 Stunden im Monat, lohnt sich eine Auslagerung allemal.

Ob ein Unternehmen Aufgaben an externe Unternehmen auslagert oder nicht, ist eine freie Entscheidung des Unternehmers. Allerdings ist eine betriebsbedingte Kündigung nur unter bestimmten Voraussetzungen möglich.

> Bei Unternehmen mit einem Betriebsrat müssen beim Outsourcing zahlreiche Mitbestimmungsrechte beachtet werden. Nach § 92 BetrVG hat der Betriebsrat z. B. das Recht, Alternativen zur Ausgliederung von Arbeit oder ihrer Vergabe an andere Unternehmen vorzuschlagen. Eine Ablehnung muss begründet werden.

Outplacement

Um arbeitsgerichtliche Auseinandersetzungen zu vermeiden oder das Betriebsklima nicht zu verschlechtern, bieten immer mehr Betriebe freizusetzenden Mitarbeitern ein Outplacement (deutsch: Außenvermittlung) durch spezialisierte Berater an. Dabei handelt es sich um eine von Unternehmen finanzierte Dienstleistung als professionelle Hilfe zur beruflichen Neuorientierung bis hin zum Abschluss eines neuen Vertrages oder einer Existenzgründung.

Outplacement vermittelt nach innen und nach außen, dass das Unternehmen an einem fairen Trennungsprozess interessiert ist. Gelingt dies, so wirkt es sich positiv auf die Motivation verbleibender Mitarbeiter und auf das Erscheinungsbild des Unternehmens in der Öffentlichkeit aus. Der freizusetzende Mitarbeiter erhält Unterstützung auf der Suche nach einem neuen Arbeitsplatz. Sie reicht von der Zusammenstellung der Bewerbungsunterlagen bis zum Proben von Vorstellungsgesprächen. Der Mitarbeiter verbessert damit seine Erfolgschancen bei Bewerbungen.

Beispiel: Außendienst auf neuen Wegen

Wegen einer Firmenübernahme fällt der gesamte Außendienst eines Unternehmens weg. Die Außendienstmitarbeiter werden in einem Gruppentraining „berufliche Neuorientierung" auf die Stellensuche oder Selbstständigkeit vorbereitet. Dem Gruppentraining schließt sich eine Einzelberatung an. Auch die Arbeit in Gruppen ist effektiv, weil sich die Betroffenen in der gleichen Situation befinden und durch die Rückmeldung über das eigene Verhalten von den anderen Teilnehmern lernen können.

Personalcontrolling

Personalcontrolling ist als Begriff und Funktion im Unternehmen noch jung. Sein Betätigungsfeld ist zum einen die Belegschaft des Unternehmens, zum anderen die Effizienz der eingesetzten Instrumente zu ihrer Erfassung, Entwicklung und Evaluation. Organisatorisch kann das Personalcontrolling sowohl ein Funktionsbereich des Personalwesens als auch ein Teil des Unternehmenscontrollings sein.

In diesem Kapitel erfahren Sie,

- welche Leistungen Sie von Personalinformationssystemen erwarten können,
- wie Sie Arbeitsbewertungssysteme einsetzen,
- wie ein Management-Audit funktioniert und
- welche Kennzahlensysteme für eine Erfassung des Humankapitalwertes geeignet sind.

Personaldaten erfassen

Unverzichtbare Basis für jedes Personalcontrolling ist ein Personaldatenbestand, der es ermöglicht, aussagekräftige Personalstatistiken zu erstellen und mithilfe von Vorausschau- und Prognosedaten mögliche Entwicklungen zu berechnen. Die Genauigkeit dieser Vorhersagen ist abhängig von der Qualität der Ausgangsdaten, von der Eintrittswahrscheinlichkeit der zukünftigen Daten und vom zeitlichen Horizont der Vorhersage. Bei den Personaldaten werden insbesondere für die Bearbeitung von Personalangelegenheiten notwendige personenbezogene Daten erfasst, gespeichert, verarbeitet, analysiert, genutzt und verbreitet.

> Das deutsche Bundesrecht definiert in § 3 Abs. 1 Bundesdatenschutzgesetz (BDSG) personenbezogene Daten als „Einzelangaben über persönliche oder sachliche Verhältnisse einer bestimmten oder bestimmbaren natürlichen Person". Hierzu zählen auch Gesundheitsdaten, Informationen über die rassische oder ethnische Herkunft, politische, religiöse, gewerkschaftliche oder sexuelle Orientierung. Diese Daten sind nach § 3 Abs. 9 BDSG besonders schutzbedürftig. Ihre Verarbeitung ist an strengere Voraussetzungen gebunden als die Verarbeitung sonstiger personenbezogener Daten.

Erfassungssysteme

Die Erfassung, Bearbeitung und Auswertung von Personaldaten zählt funktional zur Betriebsdatenerfassung (BDE). Betriebsdaten werden entweder online erfasst oder zunächst in BDE-Terminals gesammelt und nur periodisch an die Empfängersysteme übertragen. Durch die Online-Erfassung wird insbesondere sichergestellt, dass die erhobenen Betriebsdaten

aktuell sind und im Rahmen z. B. der Personaleinsatzsteue-
rung verwendet werden können. Eine Erfassung in Echtzeit
bestimmt wesentlich die Qualität der Daten. Eine Offline-Er-
fassung ist unter anderem sinnvoll, wenn BDE-Ergebnisse zur
Ermittlung von Kosten verwendet werden sollen.

> Damit die erfassten Daten auch unternehmensweit für Analyse- und
> Optimierungszwecke zur Verfügung stehen, müssen diese in einer ein-
> heitlichen und normierten Form zur Verfügung gestellt werden. Hierfür
> müssen jedoch die Datenstrukturen spezifiziert und normierte Schnitt-
> stellen zu den einzelnen Steuerungssystemen realisiert werden.

Analyse und Prognose

Neben quantitativen werden im Personalcontrolling auch
qualitative Daten wie Mitarbeiterzufriedenheit, Betriebsklima
oder Leistungsbereitschaft erfasst. Das ist eine Besonderheit
des Personalcontrollings.

Personalinformationssysteme

Nicht zuletzt aufgrund der umfangreichen Datenmengen, der
unterschiedlichen Datenstruktur und der andersartigen Ana-
lyse- und Prognoseerfordernisse werden in der BDE für Personaldaten eigene Systeme eingesetzt. Sie werden als Per-
sonalinformationssystem (PIS) bezeichnet. Das PIS besteht
aus Hardware (Rechner oder Rechnerverbund), Datenbanken,
Software, Daten und all jenen Anwendungsprogrammen, die
für die Verwaltung des Personals benötigt werden. Zu den
Elementen der Personalinformationssysteme gehören unter
anderem:

- Personalabrechnung, Zeitermittlung
- Stammdatenerfassung und -verwaltung
- Administration und Datenpflege
- Personalberichterstattung
- Personaldatenanalyse
- Personalplanung
- Arbeitszeitermittlung

Grundsätzlich sollten alle Komponenten auf gemeinsamer Datenbasis miteinander verknüpft und eine Verbindung zum Internet und Intranet implementiert sein.

Personalinformationssysteme unterstützen das Personalmanagement darüber hinaus aber auch bei den dispositiven Prozessen in den verschiedensten Bereichen:

- Personalbedarfsplanung: Datenbeschaffung und Abgleich von Soll- und Ist-Zustand (Über- und Unterdeckungen bezüglich Ort, Zeit, Qualität und Quantität), Profilabgleich
- Personalbeschaffung: Statistiken und Berichte zum Personalbestand, Entwicklung von Stellenausschreibungen, Abgleich von Qualifikationsprofil und Stellenanforderung, Bewerbermanagement
- Personalentwicklung: Katalogisierung der Qualifikationen, Organisation und Dokumentation von Weiterbildungsmaßnahmen, Karriereplanung
- Personaleinsatz: Steuerung des optimalen Einsatzes unter Berücksichtigung qualitativer, quantitativer, zeitlicher und örtlicher Komponenten

- Personalerhaltung: Arbeitsbewertung, Entgeltfindung, Nachfolgemanagement
- Personalfreistellung: Feststellung personeller Überdeckung in qualitativer, quantitativer, zeitlicher und/oder örtlicher Hinsicht

Beispiel: Personaleinsatzplanung im Callcenter

> Um den Bedarf an Telefonisten zu berechnen, werden langzeitliche Anrufstatistiken geführt und analysiert. Unter Berücksichtigung von persönlichen Arbeitszeiten und Zeitpräferenzen kann so ein elektronisches Personaleinsatztool einen Dienstplan entwickeln. In Verbindung mit einem Gehaltsabrechnungsprogramm kann anschließend eine automatisierte Vergütungsberechnung und -auszahlung erfolgen.

Aufgrund der hohen Sensibilität werden an die Sicherheit von Personaldaten bei Zugriff, Speicherung und Übertragung hohe Anforderungen gestellt. Insbesondere geht es um

- die Vertraulichkeit der Daten (Schutz vor unberechtigtem (Mit-)Lesen),
- die Integrität der Daten (Schutz vor Verfälschung),
- die Authentizität des Kommunikationspartners (Schutz vor Maskerade),
- den Beweis der Dateneingabe (Unleugbarkeit),
- die regelmäßige Datensicherung (Schutz vor Datenverlust) und
- die termingerechte Vernichtung abgelaufener Daten.

Hierzu müssen Kontrolle und Prävention wenigstens durch die Vergabe von restriktiven Benutzerberechtigungen und durch eine Protokollierung und Überwachung sämtlicher Vorgänge erfolgen.

Arbeitsbewertungssysteme

Die Arbeitsbewertung ist ein systematisches Verfahren, um Anforderungen und Schwierigkeiten verschiedener Erwerbstätigkeiten festzulegen. Als Teil des Arbeits- oder Tarifrechts bezeichnet es die Verfahren, den Arbeitswert einer Tätigkeit als primären Parameter zur Entgeltfindung zu bestimmen (siehe Kapitel „Entgeltmanagement").

Mit der Arbeitsbewertung sollen unterschiedliche Tätigkeiten mittels vergleichbarer Bewertungskriterien so klassifiziert werden, dass auf dieser Grundlage eine annähernde Entgelt-Gerechtigkeit hergestellt werden kann. Hierzu werden die auszuführenden Tätigkeiten am betreffenden Arbeitsplatz erfasst, anhand bestimmter vorher festgelegter Faktoren in gleicher Form beschrieben, in einer Tätigkeitsbeschreibung dokumentiert sowie nach bestimmten Anforderungsarten bewertet.

> Mit der Arbeitsbewertung wird ermittelt, ob unterschiedliche Erwerbstätigkeiten dennoch hinsichtlich der Summe ihrer Anforderungen gleichwertig sind. Nicht die Verdienste oder Leistungen des Mitarbeiters sollen bewertet werden, ebenso wenig Arbeitskräftemangel oder andere äußere Faktoren, die die Lohn- und Gehaltsfindung beeinflussen können.

Die Systematik der Arbeitsbewertung ist grundlegender Bestandteil in Lohn- und Gehaltstarifverträgen. In der Praxis haben sich zwei unterschiedliche Verfahrensansätze bewährt:

- **Summarische Arbeitsbewertung:** Methoden zur anforderungsabhängigen Grundlohndifferenzierung, bei denen die Anforderungen des Arbeitssystems an den Menschen als Ganzes erfasst werden. Es wird zwischen Lohngruppenverfahren (auch Katalogverfahren) und Rangfolgeverfahren unterschieden.

- **Analytische Arbeitsbewertung:** Verfahren zur anforderungsabhängigen Entgeltdifferenzierung, bei denen die Anforderungen des Arbeitssystems an den Menschen mithilfe von Anforderungsarten ermittelt werden. Für die Einstufung werden das Rangreihenverfahren und das Stufenwertzahlverfahren unterschieden.

> Analytische Arbeitsbewertungsverfahren weisen eine hohe Beurteilungsschärfe auf, sind aber in der Anwendung sehr aufwendig. Die Praxis hat in den gängigen Anwendungen deswegen das Lohngruppenverfahren im Allgemeinen vorgezogen.

Arbeitsbewertungssysteme sollten aktuell, d.h. in den letzten Jahren entwickelt bzw. überarbeitet worden sein. Viele ältere Systeme basieren auf Normen und hierarchischen Werten, die heutzutage veraltet sind. Sie müssen zudem berücksichtigen, dass sich Erwerbstätigkeiten und Organisationen mit der Zeit entwickeln und verändern, und zur Entwicklung des Inhalts verschiedener Erwerbstätigkeiten beitragen. Schließlich müssen sie geschlechtsneutral sein, also Tätigkeiten so beschreiben, dass sie sowohl von Frauen als auch von Männern ausgeführt werden können.

Beispiel: Lärmbelästigung als Faktor der Lohndifferenzierung

In einem Unternehmen der Holzverarbeitung sind Beschäftigte sind aufgrund der Anforderungen der Arbeitsaufgabe in die Lohngruppe 1 eingruppiert. Wenn aber bei der Ausführung der Arbeit erschwerende Belastungen vorliegen, z.B. eine Lärmbelastung von über 82 dB(A) durch Sägearbeiten, werden diese Beschäftigten in die Lohngruppe 2 eingruppiert. Das heißt, sie bekommen nicht das Entgelt der Lohngruppe 1, sondern das Entgelt der Lohngruppe 2. Die fachlichen Anforderungen an die Arbeit sind gleich, die Belastung durch Lärm fließt aber in die Arbeitsbewertung ein. Die Bewertungsbegründung lässt zudem bei einer fachlich richtig durchgeführten Lärmmessung keine subjektiven Bewertungen zu.

Management-Audit

Bei einem Management-Audit handelt es sich nicht um ein Instrument der Eignungsdiagnostik, sondern um einen Prozess, bei dem zahlreiche Instrumente eingesetzt werden. Einem Management-Audit liegt in der Regel ein Kompetenzmodell des Unternehmens zugrunde. Es enthält rational definierte Fach- und Führungskompetenzen mit Verhaltensbeschreibungen, die zur Umsetzung der Unternehmensstrategie notwendig sind (Soll-Kompetenzen). Das Audit liefert dann eine Einschätzung der Ist-Kompetenzen. Aus dem Soll-Ist-Vergleich lassen sich Aussagen über die Zukunftsfähigkeit des Unternehmens und den Qualifizierungs- und Entwicklungsbedarf der Führungskräfte ableiten.

Zu den häufigsten empirischen Zielen von Management-Audits zählen

- die Führungskräfteentwicklung,
- eine strategische Neuausrichtung des Unternehmens,
- Fusionen und Unternehmenszusammenschlüsse,
- Due Diligence und Beteiligungen,
- Umstrukturierungen und Diversifikation in neue Geschäftsfelder,
- Nachfolgeplanung.

In derartigen Situationen sollen Management-Audits zur besseren Personalsteuerung beitragen, die Kompetenzen an die gestiegenen Anforderungen präziser anpassen und für eine größere Übereinstimmung von Kompetenzen und Anforderungen sorgen.

Die Bewertung der Manager beginnt mit der Sammlung von Daten über ihre Leistungen. Diese Informationen können z. B. aus einem 360-Grad-Feedback, einer Beurteilung durch Vorgesetzte, dem Lebenslauf oder einer Fallstudie stammen. Es folgt ein Interview, bei dem in der Regel zwei Gutachter (meist externe Berater) einen Manager über mehrere Stunden mit einer speziellen Fragetechnik befragen.

Beispiel: Einsatz eines Management-Audits

Für die Nachfolge einer Führungsposition wollen die Gutachter die Kompetenz „Entscheidungs- und Problemlösefähigkeit" beurteilen. Sie stellen folgende Frage: „Schildern Sie uns ein schwieriges Problem, das Sie in jüngster Zeit zu lösen hatten und wie Sie dabei vorgegangen sind." Aus den Antworten kann man zum einen erkennen, ob der Kandidat bisher eher triviale oder anspruchsvolle Probleme zu lösen hatte, oder ob er sich sogar vor wichtigen Entscheidungen gedrückt hat. Zum anderen vergleichen die Gutachter das Verhalten des Kandidaten mit dem zuvor definierten Kompetenzmodell. Ohne diesen Maßstab wären die Kandidaten nicht vergleichbar. Positiv ist, wenn der Kandidat systematisch vorgegangen ist und möglichst alle für die Entscheidung relevanten Rahmenbedingungen sachgerecht berücksichtigt hat. Dazu gehören Aspekte wie z.B. sorgfältige Abwägung von Chancen und Risiken, Einbeziehung anderer Abteilungen, Übernahme der Verantwortung für die Konsequenzen, umfassende Information der Beteiligten oder Anwendung moderner Entscheidungstechniken.

In Abgrenzung zur konventionellen Assessment-Center-Methode (AC) versteht sich das Management-Audit als primär „businessorientiertes" Beratungsinstrument, um die Managementqualifikationen der oberen Führungsebenen zu analysieren.

Kennzahlen – Leistungsinformationen auf den Punkt bringen

Auch im Personalmanagement werden Kennzahlensysteme eingesetzt, um schnelle und verdichtete Leistungsinformationen zu erhalten. Außerdem werden sie genutzt, um die Aufgaben der Planung, Kontrolle und Steuerung in einem Unternehmen zu unterstützen.

Den Wert des Humankapitals messen

Humankapital (human capital) bezeichnet in der Betriebs-wissenschaft die personengebundenen Wissensbestandteile in den Köpfen der Mitarbeiter. Verwandte Begriffe sind das Humanvermögen (human assets), die Humanressourcen (human resources) und das Humanpotenzial. In der neueren Managementliteratur wird das Humankapital dem intellektuellen Kapital (intellectual capital) zugeordnet.

Der Begriff „betriebliches Humankapital" umschreibt die große Bedeutung qualifizierter und motivierter Mitarbeiter für die Wettbewerbsfähigkeit eines Unternehmens. Mitarbeiter sind nicht mehr nur reine Produktions- und Kostenfaktoren, sondern „lebendes Kapital". Ihre Leistungsbereitschaft und -fähigkeit rückt damit mehr als bisher in den Mittelpunkt unternehmens- und personalpolitischer Zielsetzungen.

Die Planung, Steuerung und Kontrolle des betrieblichen Humankapitals ist Gegenstand des Humankapitalmanagements oder „Human Asset Management". Für das zugehörige Berichtswesen gibt es den Begriff „Humankapital-Reporting".

> Ein Schwerpunkt des Humankapitel-Reporting ist die Messung und Bewertung des betrieblichen Humankapitals. Dabei sollen Wertgrößen über die in einem Unternehmen tätigen Mitarbeiter ermittelt werden, die sowohl für die externe Kommunikation wie auch für die interne Steuerung Verwendung finden können.

Bisherige Ansätze der Humankapitalmessung zeichnen sich dadurch aus, dass sie (theoretische) Instrumente zu entwickeln suchten, mit denen sowohl die Mengen als auch der Wert des Humanvermögens ermittelt und dargestellt werden

können. Die Mengenkomponente (Personalbestandsentwick-
lung) kann dabei in der Regel aus Personalcontrolling-Syste-
men entnommen werden. Um die Wertdimension zu bestimmen, wurden verschiedene Bewertungsmodelle erarbeitet, die
nach zwei Messprinzipien differenziert werden können (siehe
folgende Abbildung):

- **Kostenorientierte Modelle** (inputorientiert) sind dadurch
  gekennzeichnet, dass sie das effektive Leistungspotenzial
  eines Mitarbeiters erfassen. Dieses ermitteln sie jedoch
  nicht direkt, sondern auf indirektem Wege – durch die
  Darstellung der Kosten. Es werden also alle personalbezo-
  genen unternehmerischen Aufwendungen erfasst und gemessen.

- **Wertorientierte Modelle** (outputorientiert) beziehen sich
  auf die Leistungsbeiträge der Mitarbeiter für die Organisation. Je nach Verfahren gründet sich die Ermittlung wert-
  basierter Daten sowohl auf vergangene wie auch auf
  zukünftige Zeitabschnitte.

Im Rahmen der Intellectual-Capital-Bewegung sind eine
Reihe neuer Messmethoden entstanden, mit denen versucht
wird, das Humankapital rechnerisch zu erfassen und zu bezif-
fern. Einige davon werden nachfolgend kurz vorgestellt.

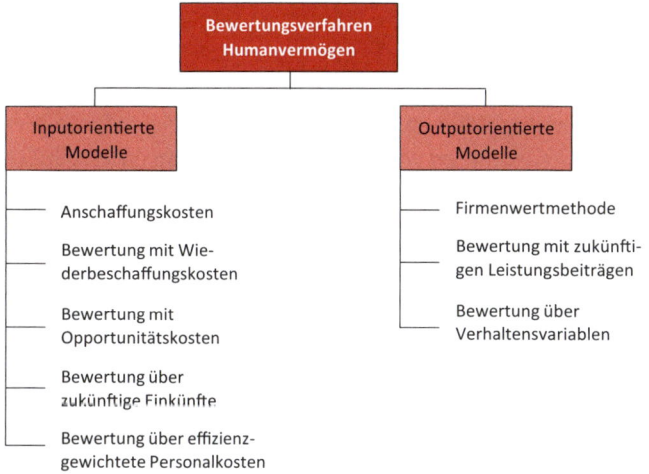

Methoden der Humanvermögensrechnung

Marktwert–Buchwert–Relation

Das Wissenskapital lässt sich relativ einfach bewerten, indem man die Differenz zwischen Markt- und Buchwert eines Unternehmens errechnet. Der Buchwert, der in der Bilanz aufgeführt ist, bezeichnet den Restwert der Vermögenswerte eines Unternehmens. Es ist der Wert, der nach allen Abzügen, Abschreibungen oder Zuschreibungen entsprechend den Bewertungsvorschriften übrigbleibt. Der Marktwert ist der Preis pro Aktie multipliziert mit der Gesamtzahl der Aktien.

Tobin's Quotient

Der Wirtschaftswissenschaftler James Tobin entwickelte einen Quotienten, der den Marktwert eines Vermögenswertes mit seinen Wiederbeschaffungskosten vergleicht. Diese Methode kann unternehmerische Investitionsentscheidungen unabhängig von volkswirtschaftlichen Faktoren, wie z.B. der Zinsentwicklung, bewerten. Wenn Tobin's q kleiner 1 ist, der Marktwert eines Gutes also geringer als seine Wiederbeschaffungskosten ist, dann ist es unwahrscheinlich, dass das Unternehmen noch mehr Güter dieser Art anschaffen wird.

Calculated Intangible Value

Dem Calculated Intangible Value (CIV) liegt die Annahme zugrunde, dass der Marktwert eines Unternehmens nicht nur Rückschlüsse auf die Anlagewerte zulässt, sondern eine Komponente enthält, die auf immaterielles Vermögen deutet. Die Berechnung basiert auf einer Methode, die ursprünglich zur Ermittlung des Markenkapitals entwickelt wurde.

Intangible Assets Monitor

Der von Karl Sveiby entwickelte Intangible Assets Monitor untergliedert den Marktwert eines Unternehmens in sichtbares Vermögen (visible equity) und immaterielles Vermögen (intangible assets). Letzteres setzt sich aus den Komponenten externe Struktur, interne Struktur und Kompetenz der Mitarbeiter zusammen. Unter externer Struktur subsumiert Sveiby die Kunden- und Lieferantenbeziehungen eines Unternehmens. Hinter der internen Struktur verbergen sich die Prozesse und Technologien des Unternehmens.

Intellectual Capital Navigator

Auch beim Intellectual Capital Navigator von Thomas A. Stewart wird als Gesamtbewertungsgrundlage das Verhältnis von Markt- und Buchwert zugrunde gelegt. Stewart führt jeweils drei Indikatoren für Humankapital, strukturelles Kapital und Kundenkapital auf. Er wählt damit eine Vorgehensweise, die ähnliche Gesichtspunkte zur Unternehmensbewertung auswählt, unterscheidet jedoch nicht zwischen den von Sveiby gewählten Betrachtungsweisen von Wachstum/Erneuerung, Effizienz und Stabilität. Durch den Vergleich mit Wettbewerbern können eigene Stärken und Schwächen bestimmt werden. Ferner ist es möglich, im Zeitverlauf die eigene Wertentwicklung zu bestimmen und Schwachstellen herauszufiltern.

EFQM-Modell

Dem Business Excellence Modell 2010 der EFQM liegt ein umfassendes Qualitätsverständnis zugrunde, das Qualität ganzheitlich versteht und Produkt-, Prozess-, Führungs- und Unternehmensqualität sowie die sie bewirkenden Faktoren betrachtet. Als Kernaussage des Modells lässt sich festhalten, dass Kundenzufriedenheit, Mitarbeiterzufriedenheit und der Einfluss auf die Gesellschaft erreicht werden durch eine stets an den Möglichkeiten des Marktes orientierte Politik und Strategie. Diese Strategie zeichnet sich ihrerseits durch Führung, Mitarbeiterorientierung, das effiziente Management von Ressourcen und eine ständige Anpassung und Verbesserung der Prozesse aus. Dafür werden alle Mitarbeiter in einen kontinuierlichen Verbesserungsprozess eingebunden. Durch die permanente Beachtung aller Prozesse werden Informationen über den aktuellen Stand, die kontinuierliche Verbesserung und künftige Trends erarbeitet.

Saarbrücker Formel

Die von Christian Scholz entwickelte Saarbrücker Formel ermöglicht die Bewertung der Beschäftigten eines Unternehmens als Ganzes. Sie gibt Auskunft über die Höhe des Kapitals, das aufgebracht werden müsste, um den Beschäftigtenstamm neu aufzubauen oder wiederzubeschaffen. Daher betrachtet sie nur den Bestand an Humankapital. Beschaffungskosten und Nutzung des Humankapitals klammert sie bewusst aus und zielt primär auf die Ermittlung einer einzigen aussagekräftigen Kennzahl, die das Humankapital abbildet.

Grundlage der Saarbrücker Formel sind vier zusammenhängende Komponenten, welche die zentralen personalwirtschaftlichen Handlungsfelder abbilden. Daraus resultieren insgesamt zehn Stellschrauben zur Optimierung des resultierenden Humankapitals: Zunächst werden die Mitarbeiter gemäß ihrer tatsächlichen Beschäftigungsverhältnisse als Full-Time-Equivalents (FTE) ausgewiesen. Die Preiskomponente ergibt sich durch Multiplikation dieser FTE-Werte mit den Marktgehältern.

Checkliste: Wie ermitteln Sie Ihre Kennzahlen im HR-Management?

- Werden alle internen Kennzahlen erfasst, die für das Personalmanagement in Anlehnung an die unternehmensstrategischen Zielsetzungen wichtig sind (z.B.: Headcount, Full-Time-Equivalents, Bildungsstruktur, Gender-Verteilung, Diversität, Teilzeitquote?

- Werden alle Veränderungs- (Fluktuationsrate, Ein- und Austritte, Versetzungen, Anteil Karenz/Mutterschutz etc.) und Verhaltenswerte (Fehlzeiten, Krankenstandsquote, Burnout-Quote) ermittelt?

- Werden diese Kennzahlen aus der strategischen Zielsetzung des Unternehmens abgeleitet?

- Wird ermittelt, wie die Personalarbeit im Vergleich zu anderen Unternehmen steht?

- Wird das Weiterbildungsangebot des Unternehmens ermittelt und analysiert? (Qualifikationsquote, Bewertung)

- Wird der Erfolg von Personalentwicklungsmaßnahmen gemessen? (Mitarbeitergespräche und Evaluierung, Karriereentwicklung, Succession Management)

- Wird der Beitrag der Personalfunktion gemessen, um das Unternehmen als attraktiven Arbeitgeber zu platzieren? (Employer Branding, Anzahl Bewerbungen je Stelle, Time-to-hire, Recruiting-Effizienzfaktor, On- und Off-Boarding)

- Sind die Talentmanagementressourcen im Unternehmen auf allen Ebenen, in allen Funktionsgruppen und in allen Altersgruppen erfasst?

- Werden die Services der HR-Funktion einbezogen? (Gesundheitsmanagement, Altersvorsorge, variable Leistungsprämien, Zusatzleistungen)

Wissensbilanz – das intellektuelle Unternehmenskapital erfassen

Die Wissensbilanz erfasst und definiert das intellektuelle Kapital des Unternehmens, gegliedert in die drei Kapitalbereiche Human-, Struktur- und Beziehungskapital:

- **Humankapital** bezeichnet die Fähigkeiten, Fertigkeiten, das Wissen, die Erfahrung, Motivation und Innovationsfähigkeit der Mitarbeiter, aber auch die Gesundheit als Voraussetzung für körperliche und geistige Leistungsfähigkeit.

- **Strukturkapital** umfasst all jene Strukturen und Prozesse, die im Unternehmen wirken und die die Grundlage für die Mitarbeiter darstellen, um in ihrer Gesamtheit produktiv und innovativ zu sein. Damit sind sowohl Aufbau und Organisation des Personalbereichs als auch die aus dem Personalmanagement resultierende Mitarbeiterstruktur nach Qualifikation, Alter, Geschlecht etc. gemeint.

- **Beziehungskapital** stellt die Beziehung des Unternehmens zu Kunden und Lieferanten sowie zu sonstigen Partnern und der Öffentlichkeit dar.

Nutzen der Wissensbilanz

Der Nutzen einer Wissensbilanz misst sich an den Zielgruppen. Grundsätzlich kommen als Zielgruppen alle für das Unternehmen wichtigen Interessengruppen und Personen infrage. Je nach Empfänger sind unterschiedliche Informationsbedürfnisse und Handlungsfelder relevant, die im Design der Wissensbilanz berücksichtigt werden können:

- Systematische Steuerung des Unternehmens,
- Akquisition von Kapital,
- Erfüllung von rechtlichen Anforderungen (Rechenschaftsberichte),
- Mitarbeiterrekrutierung und -bindung,
- Entwicklung von Kooperationen,
- Kundenakquisition und -bindung sowie
- Öffentlichkeitsarbeit.

Einführung im Unternehmen

Die Implementierung einer Wissensbilanz im Unternehmen wird nachfolgend anhand der Wissensbilanz „Made in Germany" dargestellt: Die wichtigsten Facetten des Human-, Struktur- und Beziehungskapitals werden in drei Workshops erfasst, bewertet und mit Messgrößen hinterlegt. Diese weichen Faktoren sind:

- die Fach- und Führungskompetenz,
- der Wissenstransfer,
- das Innovationsverhalten sowie
- die Beziehungen zu Kooperationspartnern und Kunden.

Um die Validität der Ergebnisse bei maximaler Kosteneffizienz zu sichern, werden die Daten von repräsentativ ausgewählten Mitarbeitern aller Bereiche und Hierarchieebenen erarbeitet.

- Der erste Workshop ermittelt das spezifische intellektuelle Kapital des Unternehmens, um es qualitativ und quantitativ zu bewerten. Ausgewählte Mitarbeiter legen den aktuellen Status in Bezug auf die operativen und/oder strategischen Ziele auf einer Skala von 0 Prozent (nicht ausreichend) bis 120 Prozent (besser als erforderlich) fest und begründen die Bewertung. Darüber hinaus wird die aktuelle Systematik im Umgang mit diesen Faktoren bewertet, sodass ein präzises Stärken- und Schwächen-Profil des Betriebs entsteht.

- Der zweite Workshop macht die Wechselwirkungen der immateriellen Faktoren sowie ihre Bedeutung für die Organisation und den Geschäftserfolg transparent.

- Der dritte Workshop dient der Diagnose. Dort werden die Ergebnisse gesammelt, um Maßnahmen und Strategien abzuleiten. Dabei werden Prioritäten gesetzt und Stellschrauben ermittelt, mit denen das Unternehmen seine Zukunft effizient und erfolgreich gestalten kann.

Die Workshops sollten moderiert werden, damit alle Teilnehmer zu Wort kommen, Bewertungen im Konsens erfolgen und wichtige Argumente zur Nachverfolgung notiert werden. Abschließend werden die Resultate so dokumentiert, dass sie den Anforderungen interner oder externer Zielgruppen genügen. Der ganze Prozess wird durch die „Wissensbilanz-Toolbox" unterstützt, die von der Datenerfassung bis zum Summary führt.

Stichwortverzeichnis

Impressum

Bibliografische Information der Deutschen Nationalbibliothek
Die Deutsche Nationalbibliothek verzeichnet diese Publikation in der Deutschen Nationalbibliografie; detaillierte bibliografische Daten sind im Internet über http://dnb.dnb.de abrufbar.

Print: ISBN: 978-3-648-05687-5 Bestell-Nr.: 10702-0001
ePub: ISBN: 978-3-648-05691-2 Bestell-Nr.: 10702-0100
ePDF: ISBN: 978-3-648-05692-9 Bestell-Nr.: 10702-0150

Joachim Gutmann
Personalmanagement
1. Auflage 2014

© 2014, Haufe-Lexware GmbH & Co. KG, Munzinger Straße 9, 79111 Freiburg
Redaktionsanschrift: Fraunhoferstraße 5, 82152 Planegg/München
Telefon: (089) 895 17-0
Telefax: (089) 895 17-290
Internet: www.haufe.de
E-Mail: online@haufe.de
Redaktion: Jürgen Fischer
Redaktionsassistenz: Christine Rüber

Lektorat: Helmut Haunreiter, 84533 Marktl
Satz: Beltz Bad Langensalza GmbH, 99947 Bad Langensalza
Umschlag: kienle gestaltet, Stuttgart
Druck: freiburger graphische betriebe, 79108 Freiburg

Der Autor

Joachim Gutmann

ist Vorstand der Hamburger Management- und Kommunikations-
beratung Glücksburg Consulting AG und Mitherausgeber des
Jahrbuchs „Personalentwicklung". Als Fachautor zu Personal-
und Managementthemen hat er bei Haufe bereits zahlreiche
Fachbücher veröffentlicht.

Weitere Literatur

„Personalentwicklung – Themen, Trends, Best Practices 2015. Mit
Special Gesundheitsmanagement", von Karlheinz Schwuchow
und Joachim Gutmann (Hrsg.), ca. 400 Seiten, EUR 99,00. ISBN
978-3-648-05759-9, Bestell-Nr. 14000

„Vergütung für Arbeitnehmer – Anspruch, Leistung, Erfolg", von
Joachim Gutmann und Andreas Bolder, 185 Seiten, EUR 34,95.
ISBN 978-3-648-03161-2, Bestell-Nr. 04527

„Zeitarbeit – Fakten, Trends und Visionen", von Joachim Gutmann
und Sven Kilian, 288 Seiten, EUR 39,95.
ISBN 978-3-648-03883-3, Bestell-Nr. 04338

„Kennzahlen in der betrieblichen Praxis", von Joachim Gutmann
und Jan Ole Schneider, 200 Seiten, EUR 34,95.
ISBN 978-3-648-04998-3, Bestell-Nr. 01074

„Professionelles Personalmarketing – Die richtigen Mitarbeiter
für Ihr Unternehmen ansprechen und gewinnen", von Bernd
Konschak, ca. 256 Seiten, EUR 39,95. ISBN 978-3-648-03766-9,
Bestell-Nr. 04195

Haufe TaschenGuides

Kompakt, günstig und einfach praktisch

Soft Skills

- Auftanken im Alltag
- Burnout
- Downshifting
- Emotionale Intelligenz
- Entscheidungen treffen
- Gedächtnistraining
- Gelassenheit lernen
- Gewaltfreie Kommunikation
- Körpersprache
- Lampenfieber und Prüfungsangst besiegen
- Lernen aus Fehlern
- Manipulationstechniken
- Menschenkenntnis
- Mit Druck richtig umgehen
- Motivation
- Mut
- NLP
- Optimistisch denken
- Potenziale erkennen
- Psychologie für den Beruf
- Resilienz
- Selbstmotivation
- Selbstvertrauen gewinnen
- Sich durchsetzen
- Soft Skills
- Stress ade

Management

- Besprechungen
- Checkbuch für Führungskräfte
- Delegieren
- Führungstechniken
- Konflikte erfolgreich managen
- Konflikte im Beruf
- Management
- Mitarbeitergespräche
- Moderation
- Neu als Chef
- Personalmanagement
- Projektmanagement
- Selbstmanagement
- Spiele für Workshops und Seminare
- Teams führen
- Virtuelle Teams
- Workshops
- Zeitmanagement
- Zielvereinbarungen und Jahresgespräche

Jobsuche

- Arbeitszeugnisse
- Assessment Center
- Jobsuche und Bewerbung
- Vorstellungsgespräche

Wirtschaft

- ABC des Finanz- und Rechnungswesens
- Balanced Scorecard
- Betriebswirtschaftliche Formeln
- Bilanzen
- BilMoG
- BWL Grundwissen
- Buchführung
- BWL kompakt
- Controllinginstrumente
- Einnahmen-Überschussrechnung
- Englische Wirtschaftsbegriffe
- Finanz- und Liquiditätsplanung
- Finanzkennzahlen und Unternehmensbewertung
- Formelsammlung Wirtschaftsmathematik
- IFRS
- Kaufmännisches Rechnen
- Kennzahlen
- Kontieren und buchen
- Kostenrechnung
- Kundenakquise
- Marketing
- Rechnungswesen kompakt
- So funktioniert die Wirtschaft